全国职业技术院校工程机械运用与维修专业教材

工程机械底盘典型零部件拆装与检测

人力资源社会保障部教材办公室组织编写

中国劳动社会保障出版社

简介

本书主要内容有工程机械减速器类零部件装配与检测、工程机械桥类零部件装配与检测、工程机械变速箱类零部件装配与检测。

本书由汪超主编，蒋炜为副主编，李雪平、施红岩、朱桂玲、李清德、钱锦秀、李樾参加编写，李庭冰主审。

图书在版编目（CIP）数据

工程机械底盘典型零部件拆装与检测 / 汪超主编. -- 北京：中国劳动社会保障出版社，2018

全国职业技术院校工程机械运用与维修专业教材

ISBN 978-7-5167-3484-1

Ⅰ.①工… Ⅱ.①汪… Ⅲ.①工程机械-底盘-装配（机械）-高等职业教育-教材 ②工程机械-底盘-检测-高等职业教育-教材 Ⅳ.①TU60

中国版本图书馆CIP数据核字（2018）第121027号

中国劳动社会保障出版社出版发行

（北京市惠新东街 1 号　邮政编码：100029）

*

三河市潮河印业有限公司印刷装订　　新华书店经销

787 毫米 ×1092 毫米　16 开本　12.5 印张　242 千字

2018 年 7 月第 1 版　　2025 年 11 月第 7 次印刷

定价：23.50 元

营销中心电话：400-606-6496

出版社网址：http://www.class.com.cn

http://jg.class.com.cn

前 言

为了更好地适应全国职业院校工程机械运用与维修专业的教学要求，全面提升教学质量，人力资源社会保障部教材办公室组织有关学校的骨干教师、行业和企业专家，依据《技工院校工程机械运用与维修专业教学计划和教学大纲（2016）》，在充分调研企业生产和学校教学情况，并吸收和借鉴各地职业技术院校教学改革成功经验的基础上，编写了本套专业教材。

教材体系

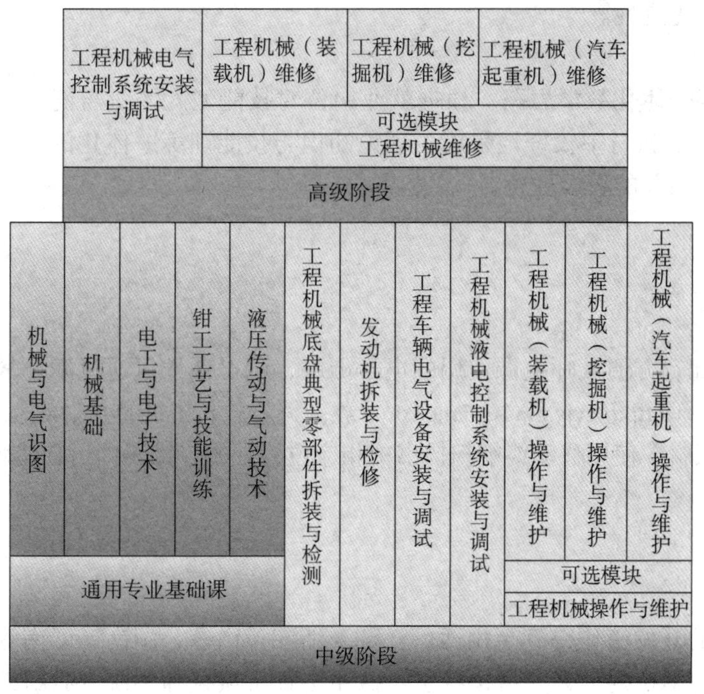

注：通用专业基础课可从机械类、电类通用教材中选用。

适用对象

工程机械运用与维修专业中级、高级两个层次和以下 3 种学制：

- 初中毕业生 3 年学制培养中级工
- 高中毕业生 3 年学制培养高级工
- 初中毕业生 5 年学制培养高级工

编写特色

■ **体现国家标准要求** 以国家职业标准为依据，涵盖相关国家职业标准（中级、高级）的知识和技能要求；以最新的国家技术标准为参照，使教材更加科学和规范。

■ **体现企业需求** 广泛听取包括徐州工程机械集团有限公司等知名企业专家意见，根据企业岗位和教学实践的需求，确定学生应具备的能力与知识结构，并注重教材内容的深度、广度与实际需求相匹配。

■ **体现行业技术发展** 根据工程机械相关领域技术的最新发展，确定新知识、新技术、新设备、新材料等方面的内容，如挖掘机中斗杆和动臂的回转优先与合流控制技术、汽车起重机中的双变量新型节能液压系统、压路机中的基于 CAN–BUS 总线通信系统技术等，保证教材的先进性。

■ **体现理实一体化教学思路** 根据就业岗位对技能型人才所需能力的要求，加强实践性教学内容，在教材中较好地采用了理论知识与技能训练一体化的编写模式，以体现“做中学”“学中做”的教学理念。

教学服务

本套教材配有方便教师上课使用的电子课件，电子课件可通过职业教育教学资源数字学习中心网站（http:// zyjy.class.com.cn）下载。针对教材中的重点、难点还制作了动画、视频等多媒体素材，使用移动终端扫描书中相应位置处的二维码即可在线观看。

致谢

本次教材的开发工作得到了山西、江苏、浙江、山东、湖南、云南等省人力资源社会保障厅及有关学校的大力支持，特别是徐州工程机械技师学院在教材编写中做了大量的工作，在此我们表示诚挚的谢意。

人力资源社会保障部教材办公室

2017 年 4 月

目 录

注：全书加*为高级工的学习内容。

模块一 工程机械减速器类零部件装配与检测

减速器是一种由封闭在刚性壳体内的齿轮传动、蜗杆传动、齿轮—蜗杆传动所组成的独立部件，常用作原动机与工作机之间的减速传动装置。减速器在原动机和工作机（或执行机构）之间起匹配转速和传递转矩的作用，在现代机械中应用较为广泛。按照传动类型的不同，减速器可分为齿轮减速器、蜗杆减速器和行星齿轮减速器。本模块以平地机上的蜗轮蜗杆减速机和挖掘机上的行星齿轮减速机为例，主要介绍蜗轮蜗杆减速机与行星齿轮减速机的类型、结构与工作原理、装配技术要求与检测方法，使学生通过学习和训练掌握蜗轮蜗杆减速机与行星齿轮减速机的装配操作。

课题1　平地机蜗轮蜗杆减速机装配

学习目标

1. 了解蜗轮蜗杆减速机的概念、作用、特点、结构组成及工作原理。
2. 掌握蜗轮蜗杆减速机的装配技术要求与检测方法。
3. 熟练掌握蜗轮蜗杆减速机的装配操作。

一、平地机蜗轮蜗杆减速机的概述

平地机是利用铲刀（工作装置）平整地面的工程机械。平地机工作装置位于前、后轮轴之间，如图1—1—1所示。工作装置的结构如图1—1—2所示。铲刀回转的驱动装置由液压马达和蜗轮蜗杆减速机组成，如图1—1—3所示。

图1—1—1　工作装置在平地机上的位置

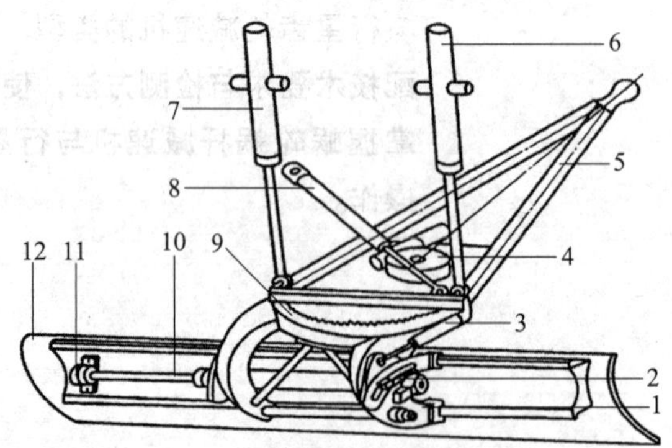

图1—1—2　平地机工作装置的结构

1—角位器　2—紧固螺母　3—切削角调节油缸　4—铲刀回转驱动装置　5—牵引架　6—右升降油缸　7—左升降油缸　8—牵引架引出油缸　9—回转圈　10—铲刀侧移油缸　11—油缸头铰接支座　12—铲刀

图 1—1—3　铲刀回转驱动装置

1. 平地机蜗轮蜗杆减速机的作用、特点

蜗轮蜗杆减速机是使平地机推铲水平转动的传动机构。它通过蜗轮蜗杆的传动，将液压马达的回转速度降低到所需要的回转速度，并得到较大的输出转矩。蜗轮蜗杆传动机构用来传递互相垂直的两轴之间的运动，如图 1—1—4 所示。这种传动机构具有传动比较大、工作平稳、噪声小和自锁性强等优点；但是它的传动效率低，工作时发热量大，因此必须保证有良好的润滑条件。

图 1—1—4　蜗轮蜗杆传动示意图

2. 平地机蜗轮蜗杆减速机的结构组成与工作原理

蜗轮蜗杆减速机有三大基本结构：箱体、蜗轮蜗杆、轴承与轴的组合。箱体是蜗轮蜗杆减速机中所有零件的基座，是支承和固定轴系部件、保证传动配件相对位置正确、承受作用在减速机上荷载的重要零件。蜗轮蜗杆的主要作用是传递两个交错轴之间的运动和动力。轴承与轴的主要作用是传递动力、运转并提高效率。蜗轮蜗杆减速机主要由蜗轮、蜗杆、输出轴、箱体、轴承、端盖以及油封等零件组成，如图 1—1—5 所示。

a）

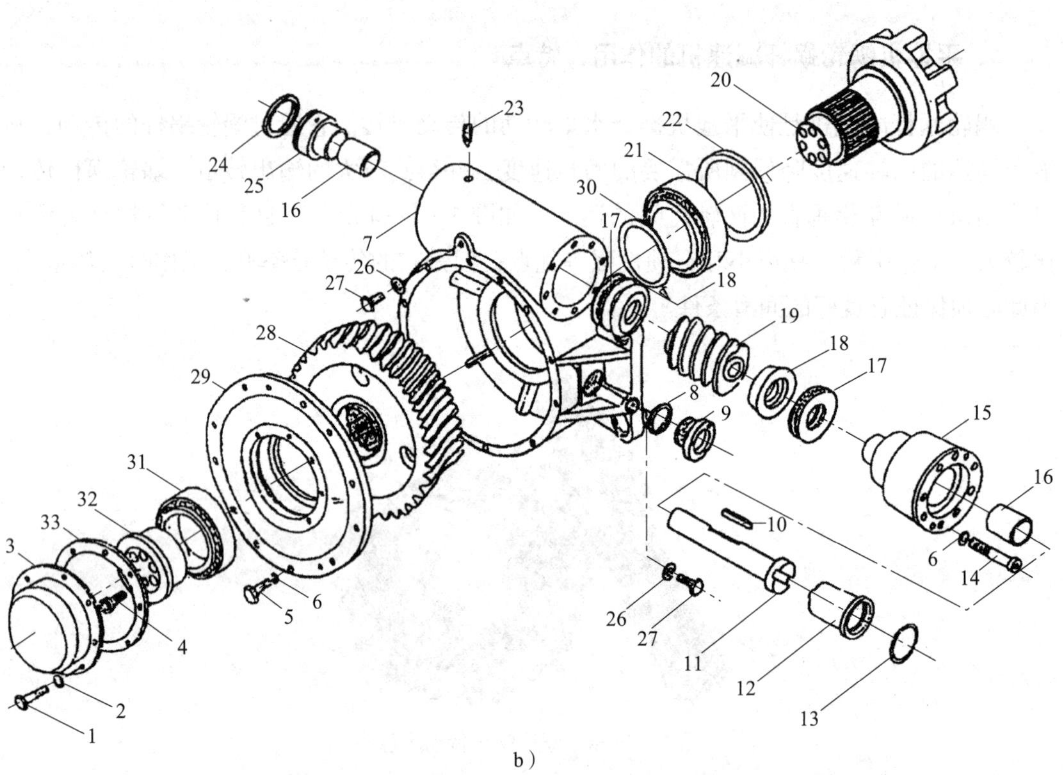

b）

图 1—1—5　蜗轮蜗杆减速机及其结构分解

a）实物图　b）结构分解图

1、5—螺栓　2、6、26—垫圈　3—轴承端盖　4、14—螺钉　7—箱体　8、13、24—密封圈　9—油标　10—平键　11—轴　12—连接套　15—轴承座　16—轴套　17—推力球轴承　18—盘　19—蜗杆　20—输出轴　21—轴承　22—油封　23—紧定螺钉　25—轴承座　27—螺塞　28—蜗轮　29—箱体端盖　30—调整垫片　31—轴承　32—轴承锁紧套　33—垫圈

在蜗轮蜗杆减速机中，蜗轮蜗杆传动属于螺旋传动的一个特例。蜗轮蜗杆传动机构工作原理如下：蜗杆为主动件，蜗轮为从动件，通过蜗杆与蜗轮的啮合传动，蜗杆将运动传递给蜗轮。因为蜗轮、蜗杆的传动轴线是空间交叉垂直的关系，所以蜗轮蜗杆传动

适用于两个传动轴垂直且交叉的传递运动场合。在液压马达的驱动下，蜗杆通过与蜗轮的啮合，将运动速度降低并改变方向（空间方向转 90°），由蜗轮的输出轴输出，带动牵引架上的回转圈回转，从而实现铲刀的水平转动。

二、蜗轮蜗杆减速机的装配技术要求

1. 蜗轮蜗杆传动机构的装配技术要求

（1）应保证蜗杆轴线与蜗轮轴线在空间中交错且互相垂直。

（2）蜗杆轴线应在蜗轮轮齿的对称中心平面内。

（3）蜗轮、蜗杆轴线的中心距要准确。

（4）要保证有合理的齿侧间隙和接触精度。

（5）箱体各结合面应密封良好。

（6）各连接紧固件应符合拧紧力矩要求。

2. 蜗轮蜗杆减速机推力球轴承的装配技术要求

推力球轴承在使用过程中主要承受轴向载荷。推力球轴承由滚动体与保持架、座圈（松环）、轴圈（紧环）组成。装配推力球轴承时，应使轴圈（紧环）靠在转动零件（如轴）的端面上，取较紧的配合；座圈（松环）靠在静止零件（如箱体）的端面上，如图 1—1—6 所示。座圈（松环）的内孔比轴圈（紧环）大，与轴形成间隙配合。装配推力球轴承时要避免装反轴圈、座圈；否则，会使滚动体失效，加剧配合零件间的磨损，造成轴过热甚至卡死的现象。

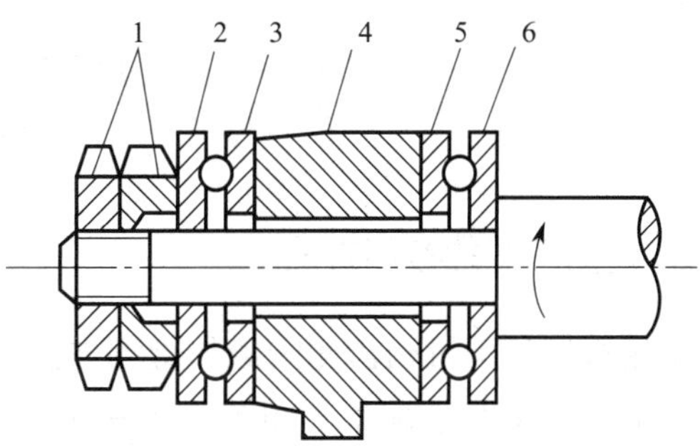

图 1—1—6　推力球轴承及其在轴上的装配

1—螺母　2、6—轴圈　3、5—座圈　4—箱体

三、蜗轮蜗杆减速机的检测方法

蜗轮蜗杆减速机主要检测蜗轮蜗杆机构中蜗轮的轴向位置和蜗轮蜗杆机构的齿侧间隙。

1. 蜗轮的检测方法

如图 1—1—7 所示为用涂色法检测蜗轮轴向位置。具体检测方法如下：先将红丹粉涂在蜗杆的螺旋面上，并转动蜗杆，可在蜗轮轮齿上获得接触斑点，通过接触斑点判断蜗轮装配的轴向位置。如图 1—1—7a 所示，接触斑点在蜗轮轮齿与蜗杆接触部分的中部且稍偏于蜗杆旋出方向，说明蜗轮轴向位置正确。如图 1—1—7b 和图 1—1—7c 所示接触斑点偏向蜗轮轮齿与蜗杆接触部分的一侧，表示蜗轮轴向位置不正确。蜗轮的轴向位置可以通过配磨垫片来调整。在正常状态下，轻载时，斑点长度为齿宽的 25% ~ 50%；满载时，斑点长度约为齿宽的 90%。

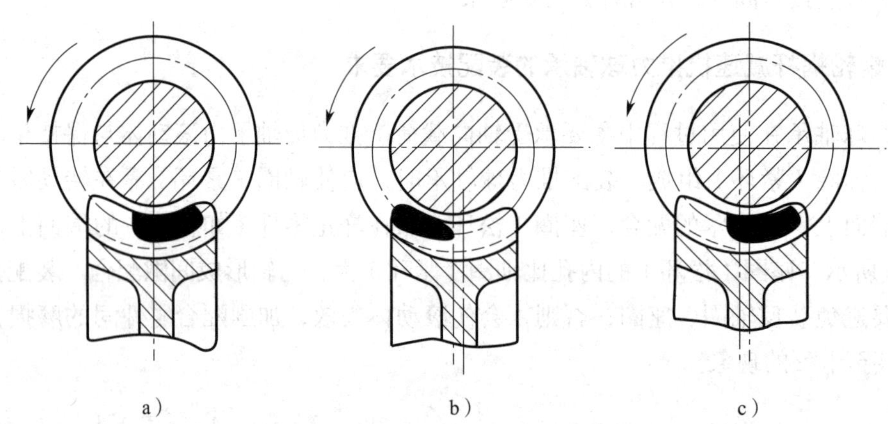

图 1—1—7　用涂色法检测蜗轮轴向位置
a）蜗轮位置正确　b）蜗轮偏右　c）蜗轮偏左

2. 齿侧间隙的检测方法

蜗轮蜗杆传动机构齿侧间隙的检测方法有两种：直接测量法和间接测量法。直接测量法采用百分表进行测量，如图 1—1—8a 所示。在蜗杆轴上固定一个带万能角度尺的刻度盘，将百分表触头抵在蜗轮齿面上，用手匀速地转动蜗杆，在百分表指针不动的条件下，根据刻度盘相对于固定指针的最大转角得出齿侧间隙的大小。如果用百分表直接接触蜗轮齿面有困难，可采用间接测量法，即在蜗轮轴上装一根测量杆，用百分表接触测量杆进行测量，如图 1—1—8b 所示。

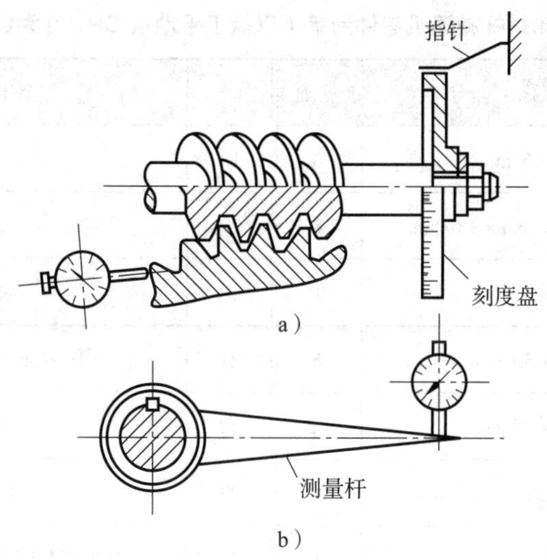

图 1—1—8　齿侧间隙的检测方法

a）百分表直接测量法　b）测量杆间接测量法

对于装配后的蜗轮蜗杆传动机构，还要检查其转动灵活性。蜗轮在任何位置时，用手旋转蜗杆所需的转矩均应相同，且转动灵活，没有“咬住”现象。

四、装配前的准备工作

1. 材料、工具、器具、资料、零件的准备

（1）材料、工具、器具、资料的准备清单（表 1—1—1）

表 1—1—1　　材料、工具、器具、资料的准备清单

名称	单位	数量	名称	单位	数量
蜗轮蜗杆减速机	台	1	铜棒	根	1
呆扳手	把	2	悬臂起重机	台	1
气动扳手	把	1	清洗液（柴油）	升	1
锤子	把	1	任务书	本	1
蜗轮蜗杆减速机的装配图、零件图	套	1	企业生产和管理规程及安全操作规程	份	1

（2）蜗轮蜗杆减速机零件清单（表 1—1—2）

表 1—1—2　　蜗轮蜗杆减速机零件清单（以徐工平地机 GR180 为例）

序号	零件名称	数量	序号	零件名称	数量
1	螺栓 M8 × 16 mm	8	18	盘	2
2	平垫圈 8 mm × 16 mm × 1.6 mm	8	19	蜗杆	1
3	轴承端盖	1	20	输出轴	1
4	螺钉 M12 × 30 mm	6	21	圆锥滚子轴承 32215	1
5	螺栓 M10 × 25 mm	12	22	油封	1
6	平垫圈 10 mm × 20 mm × 2 mm	20	23	紧定螺钉	1
7	箱体	1	24	O 形密封圈 50 mm × 3.55 mm	1
8	O 形密封圈 42.5 mm × 3.55 mm	1	25	轴承座	1
9	油标	1	26	平垫圈 16 mm × 30 mm × 3 mm	2
10	键	1	27	螺塞	2
11	轴	1	28	蜗轮	1
12	连接套	1	29	箱体端盖	1
13	O 形密封圈 75 mm × 3.55 mm	1	30	调整垫片	2 组
14	螺钉	8	31	圆锥滚子轴承 32015	1
15	轴承座	1	32	轴承锁紧套	1
16	轴套	2	33	垫圈	1
17	推力球轴承 8209	2			

2. 装配工艺卡的准备

装配工艺是装配工作的指导性技术文件，学会编写蜗轮蜗杆减速机的装配工艺对于装配工了解该部件的结构特点，熟悉其装配工艺流程具有重要作用。装配工艺卡主要内容包括：装配部件或产品名称、产品图号；工位、工序名称及工序内容；必要的装配工具、量具和工艺装备；装配技术要求及控制要点等方面。

蜗轮蜗杆减速机装配工艺卡见表 1—1—3。

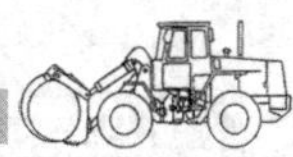

表 1—1—3　　　　　　　　　　　　**蜗轮蜗杆减速机装配工艺卡**

<table>
<tr><td colspan="2" rowspan="2">卡片名称</td><td rowspan="2">蜗轮蜗杆减速机装配工艺卡</td><td>产品型号</td><td colspan="2">部件名称</td><td colspan="2">装配图号</td></tr>
<tr><td></td><td colspan="2"></td><td colspan="2"></td></tr>
<tr><td colspan="2">车间名称</td><td>工段　　　　班组</td><td>工序数量</td><td colspan="2">部件数</td><td colspan="2">净重</td></tr>
<tr><td rowspan="2">工序号</td><td rowspan="2">工步号</td><td rowspan="2">装配内容</td><td rowspan="2">设备</td><td colspan="2">工艺装备</td><td>工人等级</td><td>工序时间</td></tr>
<tr><td>名称</td><td>编号</td><td></td><td></td></tr>
<tr><td>Ⅰ</td><td>1</td><td>输出轴与箱体的装配：以箱体为基准，将输出轴装在箱体上</td><td>—</td><td colspan="2">—</td><td>—</td><td></td></tr>
<tr><td rowspan="2">Ⅱ</td><td>1</td><td>轴承内圈与输出轴的装配：以轴为基准，将轴承内圈装在轴上，将轴承的外圈压入箱体孔中</td><td rowspan="2">压力机</td><td colspan="2" rowspan="2">—</td><td rowspan="2">—</td><td rowspan="2">—</td></tr>
<tr><td>2</td><td>蜗轮与输出轴的装配：将蜗轮装在输出轴上，并调整轴承的预紧力</td></tr>
<tr><td rowspan="7">Ⅲ</td><td>1</td><td>蜗杆组件的装配：把蜗杆支承轴套装入箱体孔中的一端，并用紧定螺钉固定</td><td rowspan="7">—</td><td colspan="2" rowspan="7">—</td><td rowspan="7">—</td><td rowspan="7">—</td></tr>
<tr><td>2</td><td>将推力球轴承、垫片依次装入箱体孔、蜗杆、支承轴套上</td></tr>
<tr><td>3</td><td>将推力球轴承、垫片依次装在蜗杆轴上，装上蜗杆，然后将平键放入键槽中</td></tr>
<tr><td>4</td><td>将装配好的蜗杆分组件装入箱体中，检查并确认安装正确后，拧紧螺母。注意在配合面上涂油</td></tr>
<tr><td>5</td><td>检查蜗轮蜗杆减速机的装配精度，确定无误后，安装箱体端盖，拧紧螺母</td></tr>
<tr><td>6</td><td>以输出轴为基准，将圆锥滚子轴承装在输出轴顶端，然后用轴承锁紧套锁紧轴承，装上轴承端盖，拧紧螺母</td></tr>
<tr><td>7</td><td>检测蜗轮蜗杆的转动灵活性</td></tr>
</table>

												共　张
编制	（日期）	（签章）	校对	（日期）	（签章）	审核		移交		批准		第　张

3. 装配顺序

蜗轮蜗杆减速机的装配顺序如图 1—1—9 所示。

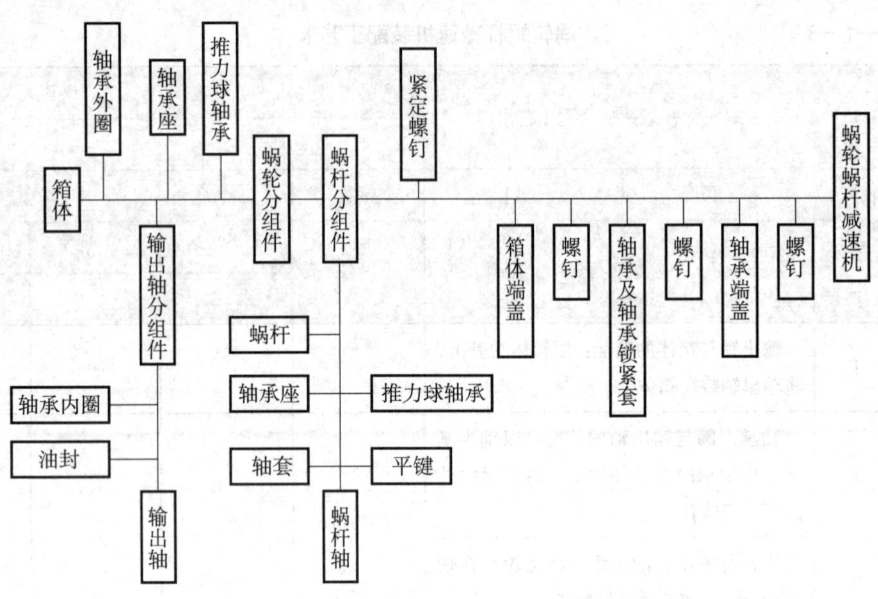

图 1—1—9　蜗轮蜗杆减速机的装配顺序

五、技能训练

由于篇幅有限且拆解过程与装配过程相反，本书就不对各零部件的拆解过程进行描述了。蜗轮蜗杆减速机的装配见表 1—1—4。

表 1—1—4　　蜗轮蜗杆减速机的装配

工艺步骤	操作图示	操作说明	注意事项
组装输出轴分组件	箱体孔	装配前，将轴承外圈放入工业冷冻箱冷冻 装配时，用轴承压装套将圆锥滚子轴承 32215 的外圈压入箱体孔中	外圈冷冻后立即装配
	输出轴 轴承内圈	装配前，将轴承内圈放在轴承加热器上加热 装配时，用轴承压装套将圆锥滚子轴承 32215 的内圈套压在输出轴上	内圈加热后立即装配

续表

工艺步骤	操作图示	操作说明	注意事项
组装蜗杆分组件	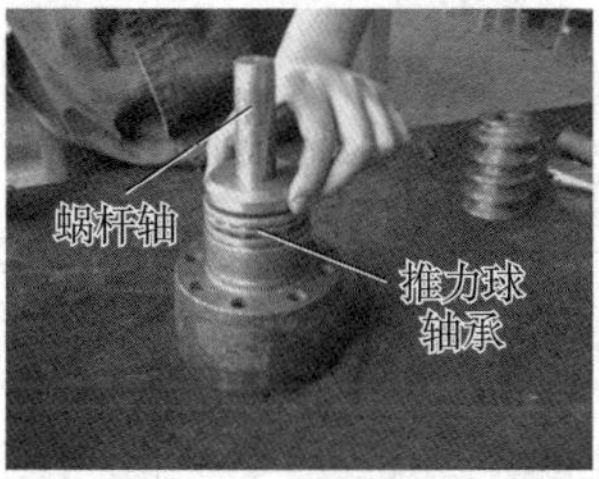	将蜗杆轴装入蜗杆轴头端盖孔中，装配推力球轴承	装配推力球轴承时，要保证轴圈、座圈位置正确
		装配平键	—
		装配蜗杆	—
		将轴承支承套装入箱体孔中，并用紧定螺钉固定	—
		将推力球轴承、垫片装入轴承支承座	—

续表

工艺步骤	操作图示	操作说明	注意事项
组装蜗轮分组件		将圆锥滚子轴承 32015 外圈压入箱体端盖孔中	—
		将轴承内圈压入轴承锁紧套中	—
总装		将输出轴装入箱体中	—
		将蜗轮装入输出轴上	—
	 	把蜗杆分组件装入箱体孔中 按照正确的顺序和规定的力矩拧紧 6 个螺栓	按交叉对称的原则拧紧螺栓 螺栓的拧紧力矩为 350～500 N · m

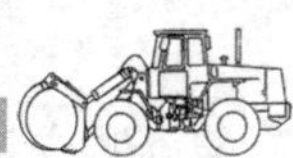

续表

工艺步骤	操作图示	操作说明	注意事项
总装		安装密封垫圈，并将箱体端盖装在箱体上，然后紧固	—
		安装轴承及轴承锁紧套，并调整轴承游隙，控制在 0.06~0.1 mm 拧入螺栓前，螺纹处要涂抹紧固胶水。然后，按照正确的顺序拧紧螺栓	按交叉对称的原则拧紧螺栓
		安装轴承端盖。拧入螺栓前，螺纹处要涂抹紧固胶水。然后，用螺栓紧固轴承端盖	—

续表

工艺步骤	操作图示	操作说明	注意事项
总装	油标	安装油标	—
调试		加注润滑油，试运转，要求蜗轮蜗杆转动灵活	—

复习思考题

1. 填写题图1—1—1中平地机工作装置各结构的名称，并简述蜗轮蜗杆减速机在工作装置中的位置。

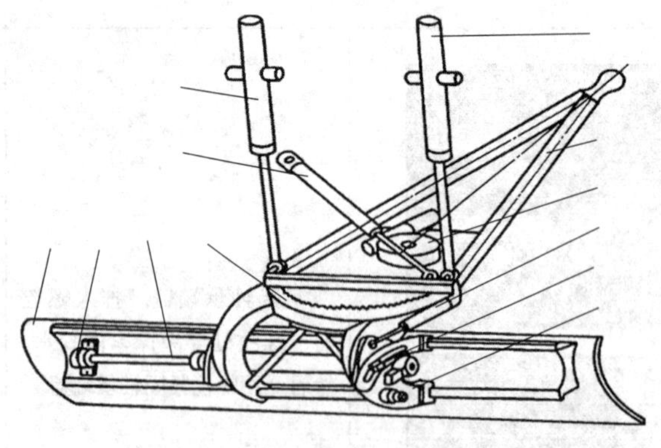

题图1—1—1

2. 识别题图1—1—2所示蜗轮蜗杆减速机的零件，在下方填写正确的名称。
3. 简述蜗轮蜗杆减速机的工作原理。
4. 简述蜗杆蜗轮传动机构的装配技术要求。
5. 简述蜗杆传动机构的装配步骤。
6. 简述蜗轮的轴向位置与接触斑点的检测方法。

题图 1—1—2

课题 2　挖掘机行星齿轮减速机装配

学习目标

1. 了解行星齿轮减速机的概念、连接与作用、特点与应用、结构与工作原理。
2. 熟悉行星齿轮减速机的装配技术要求。
3. 熟练掌握行星齿轮减速机的装配操作。

一、挖掘机的行星齿轮减速机概述

在工程的挖掘施工中，反铲单斗液压挖掘机使用较为广泛。它是一种周期作业的自行式土方机械。图 1—2—1 所示为液压挖掘机整体结构。它由工作装置、行走机构、回转机构、动力系统、液压系统（含控制系统）、电气系统（含控制系统）及辅件等组成。

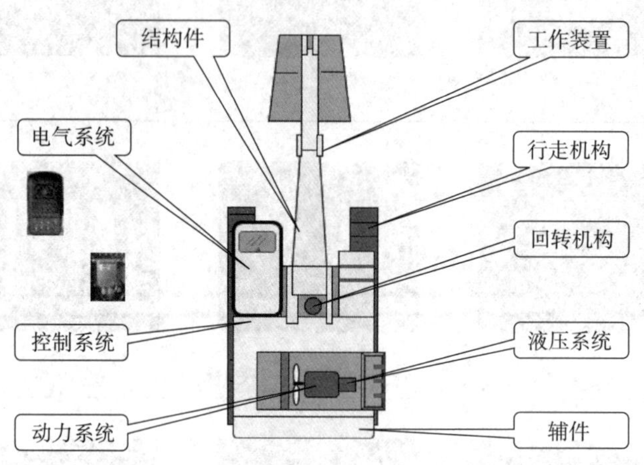

图 1—2—1 液压挖掘机整体结构示意图（俯视）

液压挖掘机的回转机构由转台、回转支承、液压马达和行星齿轮减速机等组成，如图 1—2—2 所示。回转机构驱使工作装置及上部转台向左（或向右）回转，以便进行挖掘和卸料。

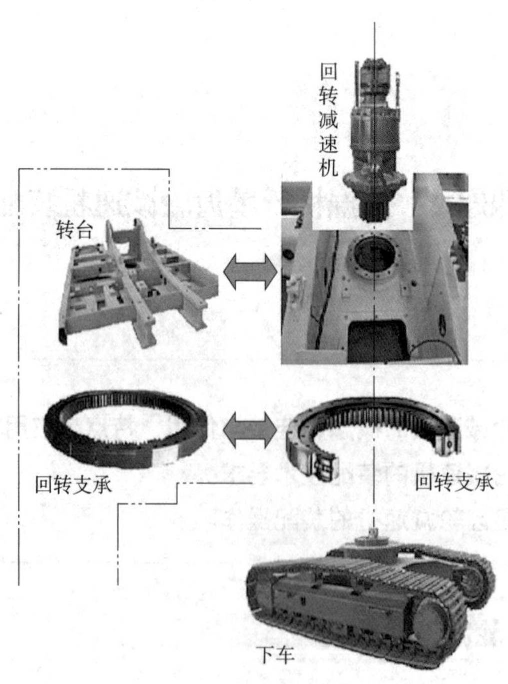

图 1—2—2 回转机构的组成

1. 连接与作用

行星齿轮减速机是一种动力传递机构，又称为行星减速机。如图 1—2—3 所示，行星齿轮减速机通过回转支承与转台、车架连接。行星齿轮减速机的外壳安装在转台安装孔上，输出小齿轮与回转支承内座圈啮合。回转支承的外座圈用螺栓与转台连接，带齿轮的内座圈与车架用螺栓连接。行星齿轮减速机推动回转支承转动，带动转台转动，车架保持不动，从而实现挖掘机回转运动。

行星齿轮减速机的作用是利用行星齿轮传动将液压马达的回转速度降低到所需要的回转速度，并得到较大的输出转矩。

图 1—2—3　行星齿轮减速机通过回转支承与转台、车架连接

2. 特点与应用

行星齿轮传动的适用范围较广，不但适用于高转速、大功率的传动装置中，而且也可以应用在低转速、大转矩的传动装置中。因为行星齿轮减速机具有体积小、传动效率高、减速范围广、精度高等优点，所以它在工程建筑、起重运输、冶金矿山、煤炭能源、石油化工、水泥建材等行业机械设备中得到了广泛应用。

3. 结构与工作原理

（1）结构

挖掘机的行星齿轮减速机和液压马达组成了回转减速器。行星齿轮减速机的结构如图 1—2—4 所示。行星齿轮减速机的传动机构包括太阳轮 B、行星齿轮组 C（组合于行星架）、内齿圈 A，如图 1—2—4b 所示。液压马达直接与太阳轮连接，推动太阳轮转动，太阳轮带动组合在行星齿轮架上的行星齿轮运转。

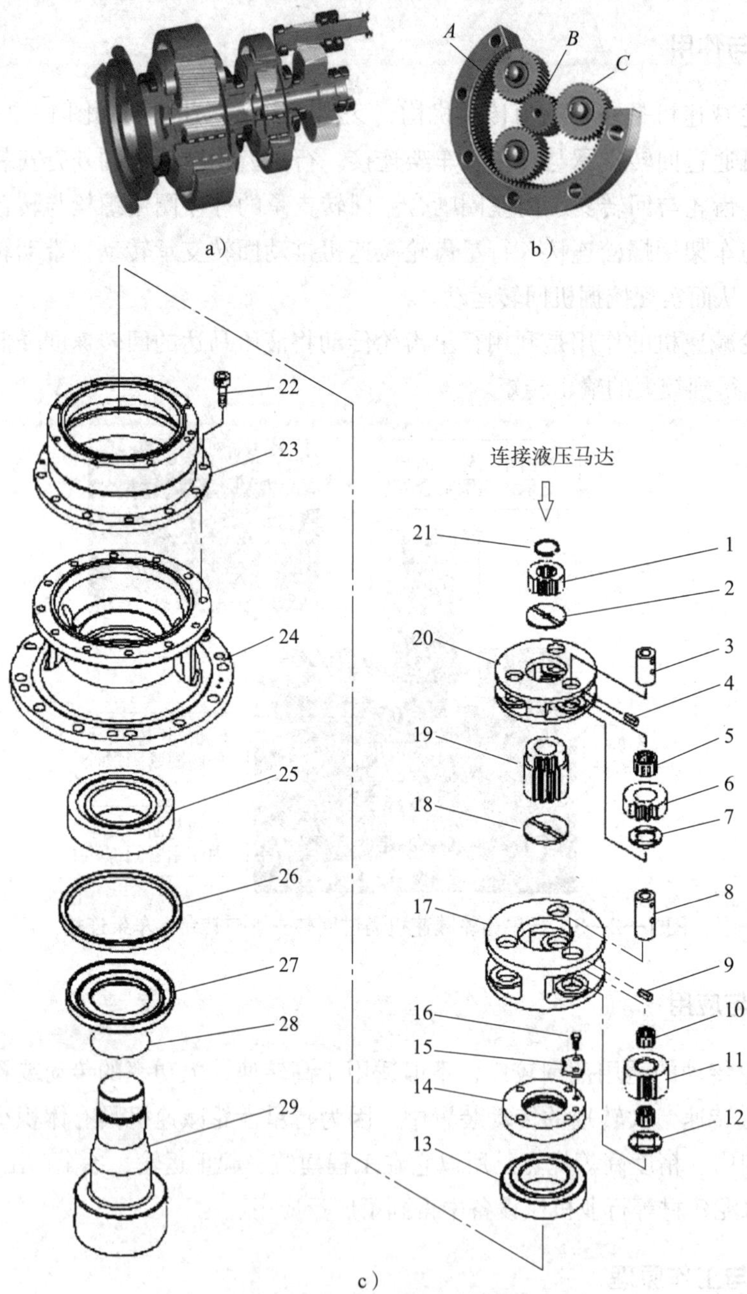

a）　　b）

连接液压马达

c）

图 1—2—4　挖掘机的行星齿轮减速机

a）立体结构图　b）传动结构的组成　c）分解图

1—一级太阳轮　2、7、12、18—止推片　3—一级行星轮轴　4—弹簧销　5、10—滚针轴承　6、11—行星齿轮　8—二级行星轮轴　9—弹簧销　13、25—滚柱轴承　14—轴承螺母　15—锁片　16—螺栓　17—二级行星架　19—二级太阳轮　20—一级行星架　21—定位环　22—内六角螺栓　23—内齿圈　24—壳体　26—油封　27—阀套　28—O 形密封圈　29—输出轴

（2）工作原理

由一个内齿圈 A 紧密结合在齿轮箱壳体上，内齿圈 A 中心位置有一个由外部动力所驱动的太阳轮 B，介于内齿圈和太阳轮之间的是行星齿轮组 C。行星齿轮组由 3 个齿轮等分组合在行星架上。行星齿轮组依靠输出轴、内齿圈及太阳轮支承。行星齿轮减速机运行时，输入轴的动力驱动太阳轮，可带动行星齿轮组自转，并依循着内齿圈的轨迹沿着其中心公转，行星齿轮组的旋转带动连接在行星架上的输出轴输出动力。

4. 变速原理

下面以单排行星齿轮机构为例，说明行星齿轮减速机的变速原理。如图 1—2—5 所示，假设单排行星齿轮机构中的太阳轮、内齿圈、行星架的转速分别为 n_1、n_2、n_3，太阳轮、内齿圈的齿数分别为 Z_1、Z_2，内齿圈与太阳轮的齿数之比为 a。则单排行星齿轮机构的转速方程为：

$$n_1+an_2-(1+a)n_3=0$$

式中　n_1——太阳轮转速，r/min；

n_2——内齿圈转速，r/min；

n_3——行星架转速，r/min；

$a=Z_2/Z_1$——内齿圈和太阳轮的齿数之比，为保证构件正确安装，$4/3 \leqslant a \leqslant 4$。

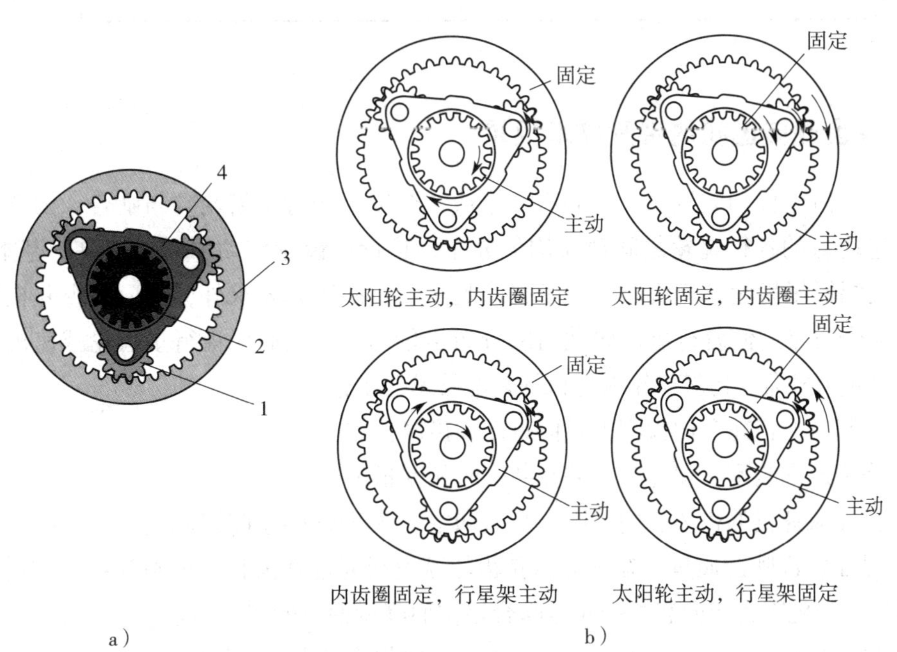

图 1—2—5　行星齿轮机构的组成及变速原理示意图

a）行星齿轮机构的组成　b）变速原理示意图

1—行星齿轮　2—太阳轮　3—内齿圈　4—行星架

太阳轮、内齿圈、行星架处于不同的运动状态时，单排行星齿轮机构的变速方式及应用具体见表 1—2—1。

表 1—2—1 单排行星齿轮机构的变速方式及应用

机构运动件的状态			机构的传动比	应用		
太阳轮（n_1）	内齿圈（n_2）	行星架（n_3）		传动方向	变速状态	挡位
主动	制动（n_2=0）	从动	$i_{13}=n_1/n_3=(1+a)>1$	同向	减速	低速挡
制动（n_1=0）	主动	从动	$i_{23}=n_2/n_3=(1+a)/a>1$	同向	减速	低速挡
制动（n_1=0）	从动	主动	$i_{32}=n_3/n_2=a/(1+a)<1$	同向	增速	超速挡
从动	制动（n_2=0）	主动	$i_{31}=n_3/n_1=1/(1+a)<1$	同向	增速	超速挡
主动	从动	制动（n_3=0）	$i_{12}=n_1/n_2=-a<-1$	反向	减速	倒挡
从动	主动	制动（n_3=0）	$i_{21}=n_2/n_1=-1/a<0$	反向	增速	倒挡（不采用）
$n_1=n_2=n_3$			$i=1$	同向	同速	直接挡
无约束			—	—	—	空挡

二、行星齿轮减速机的装配技术要求

在行星齿轮传动装置中，一般有 2 个或 2 个以上的行星齿轮参与啮合。因此，保证参与传递动力的各行星轮之间载荷均匀分布，是行星齿轮传动中需要解决的基本问题。所以在装配行星齿轮减速机时，除了要满足一般性的工艺要求外，还应检查并提高各齿轮间的啮合质量，使各行星齿轮载荷的分布尽量均匀，从而保证行星齿轮减速机的运转平稳性和使用寿命。行星齿轮减速机的装配技术要求包括：

1. 控制各个齿轮和内齿圈的径向跳动和齿厚公差。

2. 采用定向装配，使部分误差在装配时相互抵消。

3. 保证减速机的机体、内齿圈、端盖和主、从动轴的同轴度符合技术要求。

4. 保证轮齿啮合质量。在解体行星齿轮减速机时应在齿轮、齿圈等对应的啮合齿上打上标记，避免因为定向装配中轮齿啮合错位而降低原有的啮合质量。

5. 保证机构转动灵活，无冲击、异响，接触精度符合技术要求。

行星齿轮机构装配完毕，可用涂色法检查齿轮齿面的啮合情况。行星齿轮减速机还应进行空载试运转，声音应平稳，不应有冲击或异响。

三、装配前的准备工作

1. 材料、工具、资料、器具的准备清单（表 1—2—2）

表 1—2—2　　　　材料、工具、资料、器具的准备清单

名称	单位	数量	名称	单位	数量
行星齿轮减速机	台	1	铜棒	根	1
呆扳手	把	2	悬臂起重机	台	1
气动扳手	把	1	清洗液（柴油）	升	1
锤子	把	1	任务书	本	1
行星齿轮减速机装配图、零件图	套	1	企业生产管理规程及安全操作规程	份	1

2. 行星齿轮减速机零件清单（表 1—2—3）

表 1—2—3　　　　行星齿轮减速机零件清单（以徐工挖掘机 XE210 为例）

序号	零件名称	数量	序号	零件名称	数量
1	一级太阳轮	1	16	螺栓	2
2	止推片	1	17	二级行星架	1
3	一级行星轮轴	3	18	止推片	1
4	弹簧销	3	19	二级太阳轮	1
5	滚针轴承	3	20	一级行星架	1
6	一级行星齿轮	3	21	定位环	1
7	止推片	3	22	内六角螺栓 M16×2	12
8	二级行星轮轴	3	23	内齿圈	1
9	弹簧销	3	24	壳体	1
10	滚针轴承	6	25	圆柱滚子轴承 NU2218E	1
11	二级行星齿轮	3	26	油封	1
12	止推片	3	27	阀套	1
13	圆柱滚子轴承 NU1017	1	28	O 形密封圈	1
14	轴承螺母	1	29	输出轴	1
15	锁片	1			

四、技能训练

行星齿轮减速机的装配步骤见表 1—2—4。

表 1—2—4　　行星齿轮减速机的装配步骤

工艺步骤	操作图示	操作说明	注意事项
装配壳体		将轴承、油封等装入壳体中	—
装配输出轴		将输出轴装入壳体	—
装配二级太阳轮与行星架总成	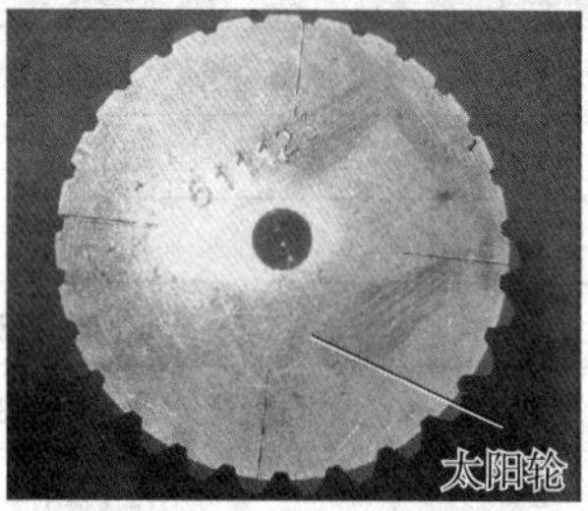	将二级太阳轮装入二级行星架总成中，并一起装入内齿圈中	行星架放置应端正，不得倾斜 3 个行星轮应与内齿圈均匀啮合

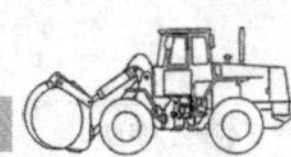

续表

工艺步骤	操作图示	操作说明	注意事项
装配一级行星架	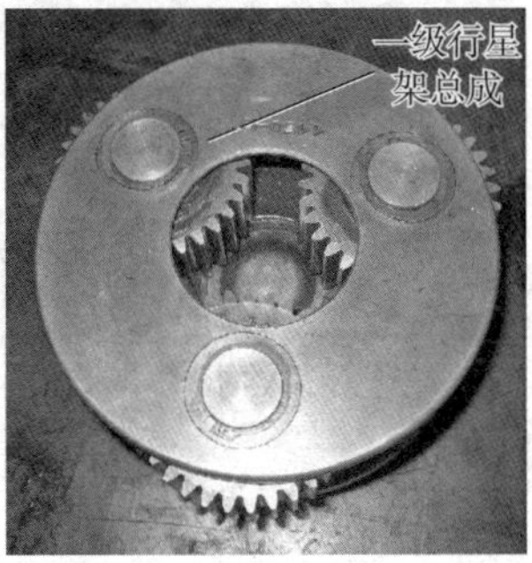 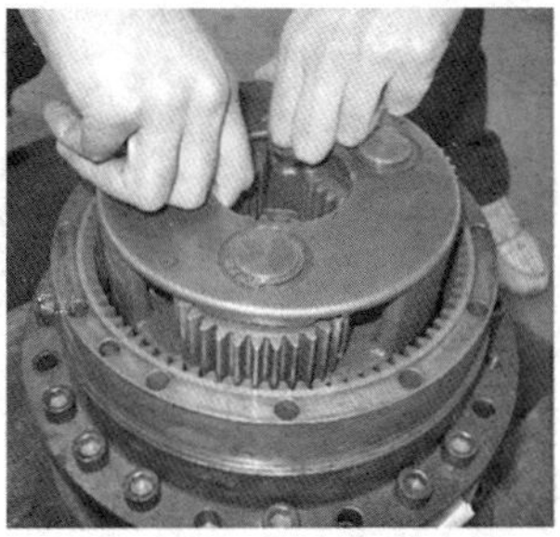	将一级行星架总成装入内齿圈中	—
装配一级太阳轮	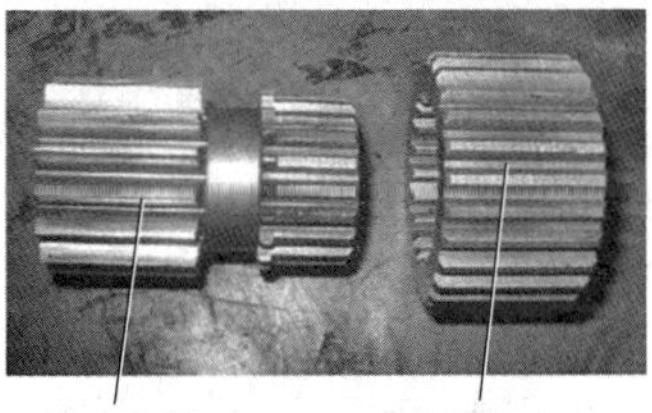 一级太阳轮 齿轮轴套 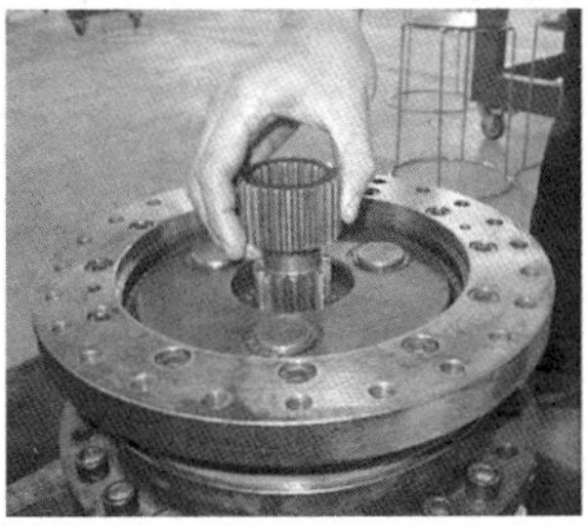	将一级太阳轮大端装入一级行星架总成内，然后将齿轮轴套装在一级行星齿轮的上端	机构转动时应均匀、灵活，无阻滞现象

复习思考题

1. 说出行星齿轮减速器在液压挖掘机中的位置。

2. 简述行星齿轮减速机的结构组成。

3. 简述行星齿轮减速机的工作原理。

4. 简述行星齿轮减速机的变速方式。

5. 简述行星齿轮减速机的装配步骤。

模块二 工程机械桥类零部件装配与检测

车桥通过悬架与车架（或承载式车身）相连接，其两端安装车轮。车桥的作用是承受车辆的载荷，维持车辆的正常行驶，在工程机械中应用较广泛。车桥按照功能的不同可以分为转向桥、驱动桥、转向驱动桥和支撑桥。本模块以重型卡车（简称重卡）转向桥与轮式装载机驱动桥为例，主要介绍转向桥和驱动桥的分类、结构组成与工作原理、装配技术要求等，使学员通过学习和训练掌握重卡转向桥、装载机驱动桥的装配操作。

课题 1　重型卡车转向桥装配

学习目标

1. 了解转向桥的概念、作用、分类及构造。
2. 熟悉转向桥的装配技术要求。
3. 掌握转向桥的装配与检测技能。

一、转向桥的作用和分类

转向桥是指承担转向任务的车桥，属于从动桥。它利用车桥中的转向节使两端的车轮偏转一定的角度，以实现车辆的转向。它还能承担车辆的垂直载荷、纵向力和侧向力及这些力造成的力矩（弯矩和转矩）。转向桥按悬架结构进行分类，见表 2—1—1。现代车辆的转向桥一般位于前部。

表 2—1—1　　转向桥按悬架结构进行分类

类型	图示	说明
整体式转向桥		驱动桥的中部是刚性的实心或空心（管状）梁，与非独立悬架配合使用
断开式转向桥		驱动桥中部为活动关节式结构，与独立悬架配合使用

重卡的转向桥一般是整体式转向桥，通常位于重卡的前部，如图 2—1—1 所示。

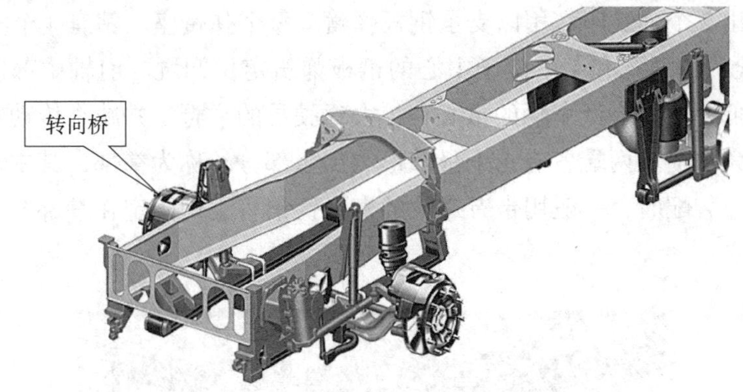

图 2—1—1　重卡转向桥的位置

二、重卡转向桥的构造

转向桥主要由前轴、转向节、主销、车轮轮毂、制动鼓、转向节臂、转向横拉杆等组成，如图 2—1—2 所示。

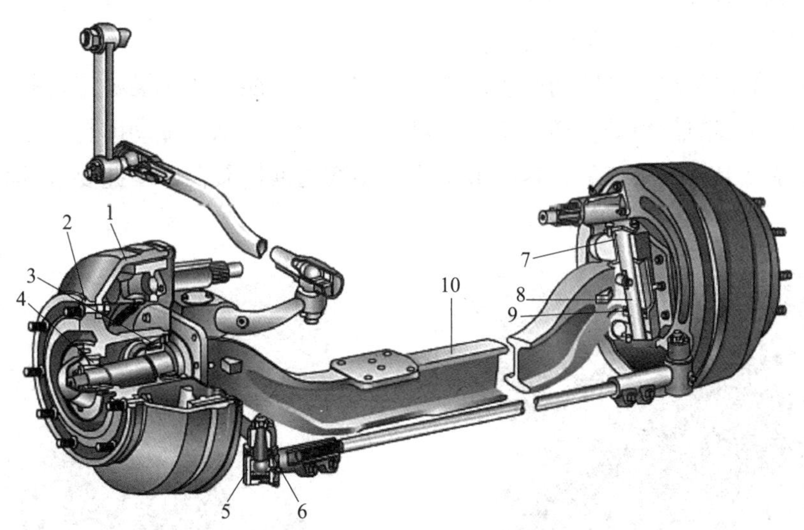

图 2—1—2　转向桥的结构

1—制动鼓　2—车轮轮毂　3、4—轮毂轴承　5—转向球头销　6—油封　7—衬套
8—主销　9—推力轴承　10—前轴

1. 前轴

前轴（图 2—1—3）是转向桥的主体，一般由中碳钢经模锻而成。前轴断面采用工字形断面，以提高抗弯强度；接近其两端时断面逐渐过渡为方形，以提高抗扭刚度。前

轴的中部加工出 2 个弹簧座，用以支承钢板弹簧。每个弹簧座上钻有 4 个安装 U 形螺栓（俗称骑马螺栓）的通孔和 1 个位于中心的钢板弹簧定位凹坑。前轴中部向下弯曲，使发动机位置降低，从而降低车辆的重心，扩大驾驶员的视野，并减小传动轴与变速器输出轴之间的夹角。前轴两端各有 1 个呈拳形的加粗部分，称为拳部，其中有通孔，主销即装入此孔内。装配时，一般用带有螺纹的楔形锁销将主销固定在拳部孔内，使之不能转动。

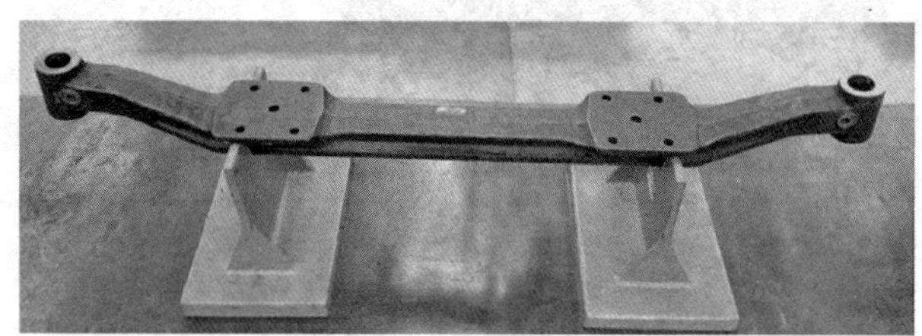

图 2—1—3　前轴

2. 转向节总成

转向节总成如图 2—1—4 所示。

（1）转向节（图 2—1—5）

转向节（俗称羊角）是转向桥中的重要零件之一，能够使车辆稳定行驶并灵活传递行驶方向。转向节的作用是传递并承受车辆前部载荷，支承并带动前轮绕主销转动而使车辆转向。在重卡行驶状态下，转向节承受着多变的冲击载荷，因此要求其具有很高的强度。

图 2—1—4　转向节总成

1—转向节　2—转向节臂（上臂）　3—横拉杆臂

图 2—1—5　转向节

转向节是一个叉形部件。上、下叉制有同轴销孔，通过主销与前轴的拳部相连，使前轮可以绕主销偏转一定角度。为了减少磨损，转向节销孔内压入青铜衬套，衬套上的润滑油槽在上面端部是切通的，可用装在转向节上的油嘴注入润滑脂润滑。为了使转向灵活、轻便，在转向节下耳与前轴拳部之间装有平面止推轴承。转向节上耳与拳部之间装有调整垫片，以调整它们的间隙。在左转向节的上耳、下耳均制有键槽。其中，上耳键槽与转向节直拉杆臂凸缘的矩形键、下耳键槽与转向横拉杆臂凸缘的矩形键分别配合并连接。

（2）转向横拉杆臂（图2—1—6）

横拉杆臂（又称为梯形臂）左右各一件，属于保安件（即对车辆行驶安全起到至关重要作用的零件），两孔通过螺栓与转向节相连，锥孔与横拉杆球销连接，形成转向梯形，使汽车转向时内外车轮尽量绕同一转向中心转动。

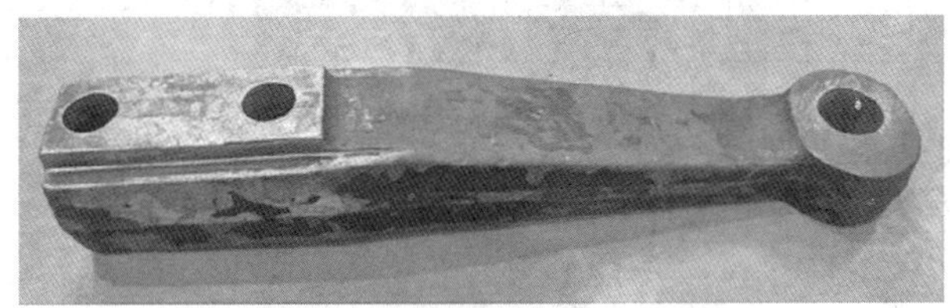

图2—1—6　转向横拉杆臂（梯形臂）

（3）转向直拉杆臂（图2—1—7）

转向直拉杆臂（又称为上臂）属于保安件，它通过螺栓固定在转向节上耳上，接收转向力矩，并将转向力矩传递到转向节上。

图2—1—7　转向直拉杆臂（上臂）

3. 主销

主销（图2—1—8）将转向节和前轴铰接在一起，以实现车轮的转动。按照结构形式不同，主销可分为实心、空心、圆柱形、阶梯形等。

图2—1—8　主销

4. 制动器

车轮的制动器由制动鼓和制动器总成组成，用于行车制动。按照结构形状不同，制动器可以分为鼓式制动器、盘式制动器。图 2—1—9 所示为鼓式制动器，采用 S 形凸轮配滚轮的张开机构使蹄片张开，也有的采用楔形张开机构，有气制动和油制动两种。制动器总成由凸轮轴、制动蹄、制动底板组成。

图 2—1—9　鼓式制动器

（1）凸轮轴（图 2—1—10）

凸轮轴的头部为 S 形，另一端花键与制动调整臂连接，在气室推杆的作用下旋转一个角度，使蹄片向外张开，实现制动。楔块式制动器凸轮头部则为楔形。

（2）制动蹄（图 2—1—11）

制动蹄带摩擦片、滚轮总成，由摩擦片和蹄片铆接而成。当凸轮张开时，制动蹄的外圆表面与制动鼓内圆表面压紧，从而产生摩擦制动力矩。

图 2—1—10　凸轮轴

图 2—1—11　制动蹄

（3）制动底板（图 2—1—12）

制动器通过制动底板固定在转向节凸缘上，形成总成，如图 2—1—13 所示。按照制作工艺分类，制动底板可分为冲压和铸造两种。

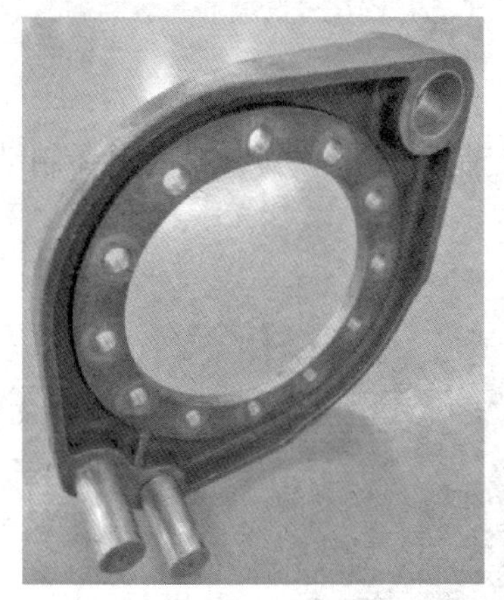

图 2—1—12　制动底板

图 2—1—13　转向节和制动底板总成

5. 轮毂制动鼓总成

轮毂制动鼓总成是旋转组件，同时是重要的制动组件和散热件。它应保证一定的动平衡量，避免其在车轮高速行驶时产生摆动。按照所处的位置分，制动鼓总成可以分为外包式和内置式两种。图 2—1—14 所示为内置式轮毂制动鼓总成。

前轮毂通过 2 个轮毂轴承支承在转向节上，并在其上转动。10 个螺栓孔分别用于连接车轮和制动鼓总成。前制动鼓总成内圆表面有较高的跳动量要求。制动鼓总成与张开的摩擦片产生摩擦力矩，实现行车制动，同时将车轮产生的热量向外散发。

图 2—1—14　内置式轮毂制动鼓总成

6. 转向横拉杆总成

转向横拉杆总成两端与横拉杆臂（即梯形臂）连接后，形成转向梯形（图 2—1—15），实现左、右车轮转向时转角的合理匹配。同时，通过旋转横拉杆臂改变其长度，完成前束的调整。

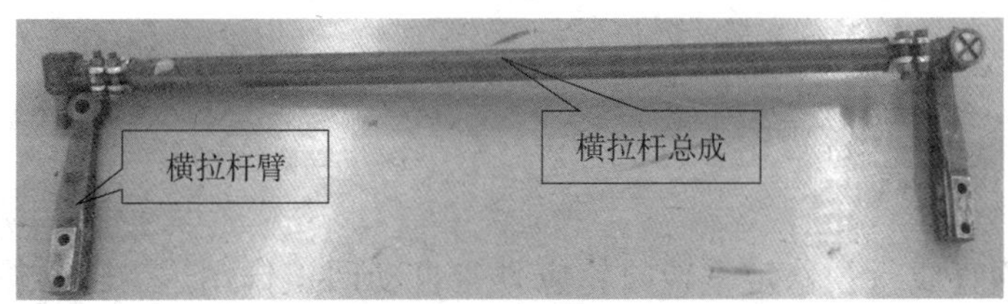

图 2—1—15　转向横拉杆总成

7. 前支架

前支架（图 2—1—16）耳部通过 2 个螺栓固定制动气室。其一般固定在制动底板或转向节上。

图 2—1—16 前支架

8. 制动气室

制动气室（又称气泵）是转向桥的执行装置，如图 2—1—17 所示。其作用是将进入膜片腔的高压气体经推杆总成转换成机械能输出，传递给制动调整臂。弹簧腔为制动后的回位机构。

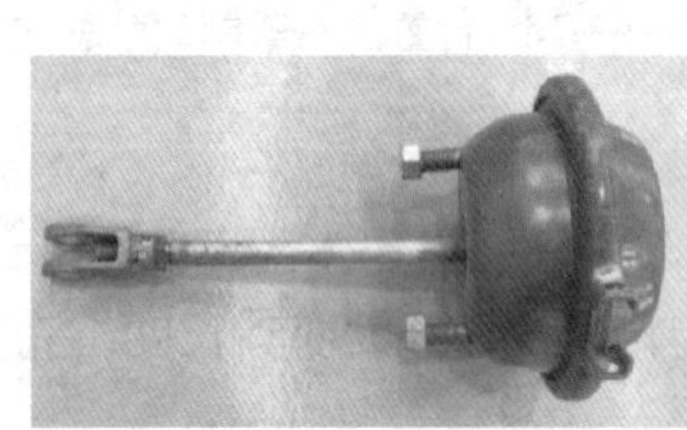

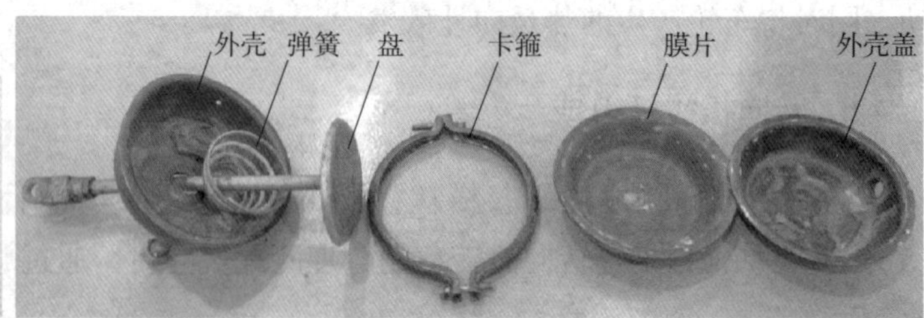

图 2—1—17 制动气室及其分解

三、转向轮定位参数

为保证车辆直线行驶稳定，转向轮应具有自动回正作用。当转向轮在遇外力作用发生偏转时，一旦外力消失，应能自动回到直线行驶的位置。这种自动回正作用是由转

向轮定位参数来保证实现的。这些参数有主销后倾角、主销内倾角、前轮外倾角、前轮前束。

1. 主销后倾角

主销装在前轴上后，其轴线上端相对车轮与路面的法线略向后倾斜，这种现象称主销后倾。在车辆纵向铅垂平面内，主销轴线和车轮相对路面法线之间的夹角 γ 称为主销后倾角，如图 2—1—18 所示。

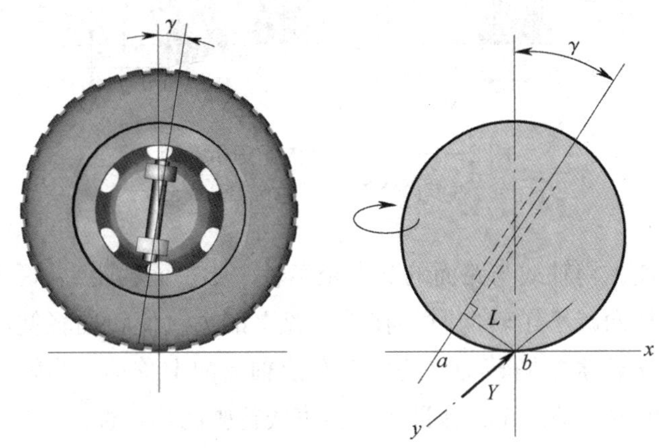

图 2—1—18　主销后倾角示意图

主销后倾使主销的轴线与路面的交点 a 位于轮胎与路面的接触点 b 之前，这样 b 点到主销轴线之间就有一段距离 L，如图 2—1—18 所示。当车轴转向轮向右偏转时，车辆产生的离心力将引起路面对车轮的侧向反作用力 Y（向心力），Y 通过 b 点作用于轮胎上，从而使 Y 相对于主销轴线形成稳定力矩（$M=YL$），其方向与车轮偏转方向相反，即该力矩有使车轮恢复到原来中间位置的趋势。由此可知，主销后倾角的作用是保持汽车直线行驶的稳定性，并使车辆转弯后转向轮能自动回正，即车辆能回到直行位置。

后倾角越大（即 L 值越大）、车速越快（向心力 Y 越大），车轮的稳定效应也就越强。但是，后倾角不宜过大，一般 γ 取 2° ~ 3°；否则，会使转向沉重。

2. 主销内倾角

主销安装到前轴上后，其上端略向内倾斜，这种现象称为主销内倾。在车辆横向铅垂平面内，主销轴线与铅垂线之间的夹角 β（即主销向驱动桥内倾斜）称为主销内倾角，如图 2—1—19 所示。主销内倾角一般为 5° ~ 8°。

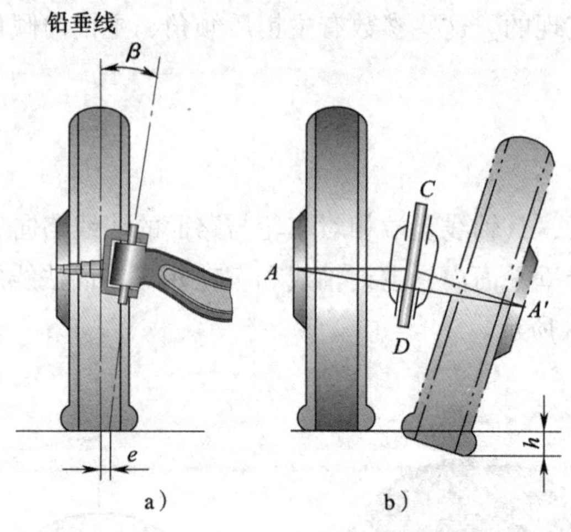

图 2—1—19 主销内倾角示意图
a)主销内倾角 b)后轮自动回正

主销内倾角 β 使主销轴线与路面的交点至车轮中心平面的距离 e(即主销偏移距，图2—1—19)减小，从而减小了转向时加在转向盘上的力，使转向轻便。车辆转向时，主销内倾角 β 不仅使车轮绕主销转动，还使其在前轴上向上移动。当转向盘松开时，所储存的上升位能使转向轮自动回正，保证了车辆直线行驶的稳定性。

3. 前轮外倾角

前轮上方相对车辆纵向铅垂面略向外倾斜，这种现象称为前轮外倾。前轮旋转平面与车辆纵向铅垂面之间的夹角 φ 称为前轮外倾角，如图 2—1—20 所示。前轮外倾的作用是提高前轮行驶的安全性和转向操纵轻便性。

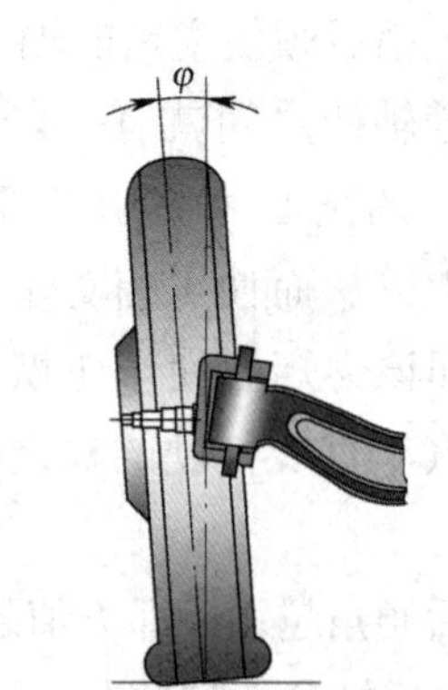

图 2—1—20 前轮外倾角示意图

假如没有前轮外倾，那么由于主销与衬套之间、轮毂与轴承之间均存在间隙，车辆满载后上述各处间隙将发生变化，有可能引起车轮上部向内倾斜，出现车轮内倾，这样将加速轮胎的偏磨。另外，路面对车轮的垂直反作用力沿轮毂的轴向分力将使轮毂压向轮毂外端的小轴承，加重了外端小轴承及轮毂紧固螺母的负荷，降低了它们的使用寿命。因此，为了使轮胎磨损均匀和减轻轮毂外轴承的负荷，安装车轮时预先使车轮有一定的外倾角。同时，车轮的外倾角也可以与拱形路面相适应。但是，外倾角不宜过大，否则也会使轮胎产生偏磨。

前轮外倾角是由转向节的结构确定的。转向节安装到前轴后，其轴颈相对于水平向下倾斜，从而使车轮安装后外倾。前轮外倾和主销内倾一样，一般不能调整，但使用独

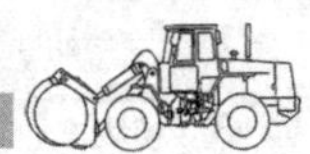

立悬架的，有的可以调整。前轮外倾角 φ 一般约为 1°。

4. 前轮前束

安装车轮时使车辆 2 个前轮的中心平面不平行，前端略向内收，这种现象称为前轮前束。两轮前端距离 B 小于后端距离 A，其差值即为前轮前束值，如图 2—1—21 所示。前轮前束的作用是减小或消除汽车前进中因车轮外倾和纵向阻力致使车轮前端向外滚开所造成的滑移。

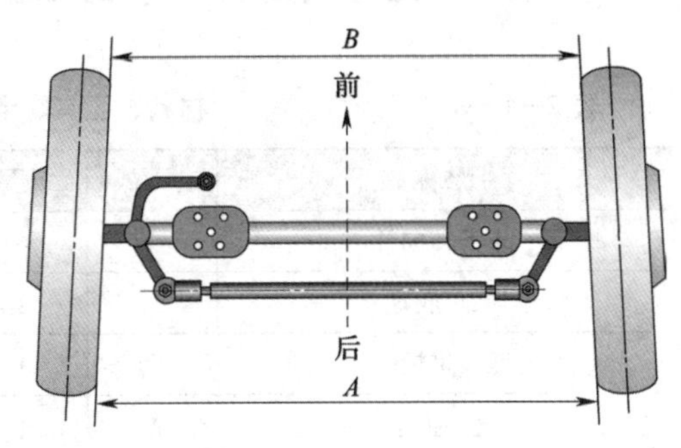

图 2—1—21　前轮前束

车轮有了外倾角后，当它向前滚动时就类似滚锥绕着锥尖滚动，其轨迹不再是直线，而是逐渐向外偏斜。但受转向桥和转向横拉杆的约束，车轮不可能向外偏斜，因此车轮只能边向外滚边向内滑移，这样就使轮胎的横向偏磨增加，轮毂轴承载荷增大。有了前轮前束后，向前滚动的轨迹将向内偏斜，因此只要前轮前束和车轮外倾配合适当，就可以使车轮每一瞬时滚动方向接近于向着正前方，从而减轻或消除了由于车轮外倾而引起的轮胎和零件的磨损。

前轮前束可通过改变转向横拉杆的长度来调整。检查或调整车轮时，可根据规定的测量位置和测量方法，使 2 个车轮的前后距离之差符合要求。车辆的前轮前束值一般为 0 ~ 8 mm，使用斜交胎的车辆前轮前束值取 3 ~ 6 mm，使用子午胎的车辆前轮前束值取 1 ~ 3 mm。

四、转向桥拧紧力矩要求

重卡转向桥装配时，各个零部件连接件的拧紧力矩见表 2—1—2。

表 2—1—2　　各个零部件连接件的拧紧力矩

连接件名称	拧紧力矩（N · m）	连接件名称	拧紧力矩（N · m）
转向节臂螺母	220 ~ 350	转向限位螺钉锁紧螺母	70 ~ 90
转向横拉杆臂螺母	220 ~ 350	转向横拉杆臂球销螺母	180 ~ 280
车轮螺母	500 ~ 600	制动气室与气室支架紧固螺母	55 ~ 70
横拉杆卡箍螺母	40 ~ 60	转向节与凸轮轴支架连接螺母	140 ~ 180
轮毂端盖螺栓	21 ~ 25	制动蹄限位板压紧螺母	200 ~ 250

五、装配前的准备工作

1. 材料、工具、器具、资料的准备清单（表 2—1—3）

表 2—1—3 材料、工具、器具、资料的准备清单

名称	单位	数量	名称	单位	数量
重卡转向桥	个	6	0.5 t 悬臂起重机	台	1
泵车底盘	台	1	清洗液（柴油）	升	2
双头呆扳手	套	1	任务书	本	1
气动扳手	把	1	转向桥的装配图、零件图	套	1
锤子	把	1	企业生产管理规程和安全操作规程	份	1
铜棒	根	1			

2. 装配前零部件的准备清单（表 2—1—4）

表 2—1—4 转向桥总成零部件的准备清单

序号	名称	数量	序号	名称	数量
1	前轴	1	13	轮毂制动鼓总成	2
2	双头螺栓	2	14	锁紧螺母	2
3	转向节上臂	1	15	轮毂端盖	2
4	调整螺母	2	16	弹簧垫圈	12
5	开口销	6	17	左、右转向节及衬套总成	各 1
6	六角头螺栓	4	18	转向节臂（上臂）	各 1
7	弹簧垫圈	4	19	楔形锁销	2
8	左、右气室支架总成	各 1	20	开槽螺母	4
9	主销	2	21	平面止推轴承	2
10	凸轮垫圈	—	22	横拉杆总成	1
11	左、右制动气室	各 1	23	左、右接头总成	各 1
12	左、右制动器总成	各 1			

六、技能训练

重卡转向桥装配步骤见表 2—1—5。

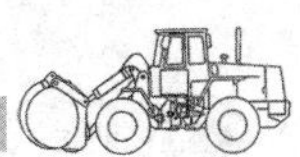

表 2—1—5　　重卡转向桥装配步骤

工艺步骤	操作图示	操作说明	注意事项
清洗	—	装配前，将全部检验合格的零件彻底清洗干净	—
装配前轴	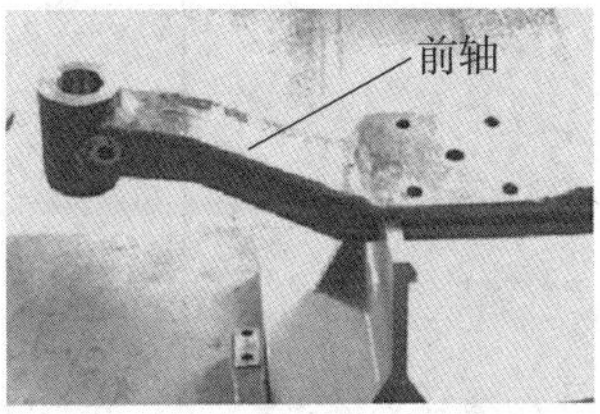	将前轴按图示方向安装在托架上	前轴的位置要正，主销孔要竖直向下
装配转向节、主销	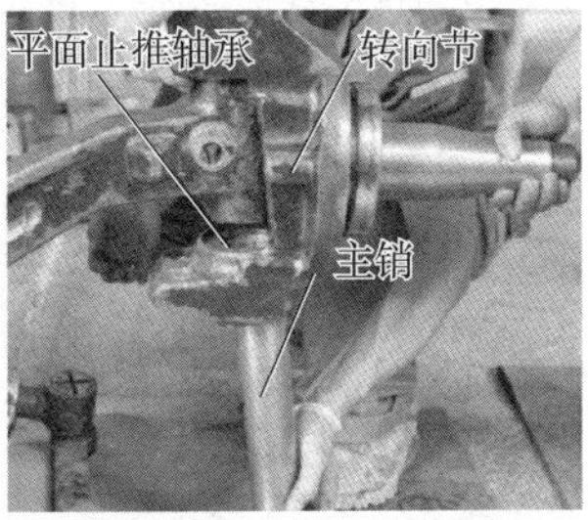	用锤子将转向节、主销打入前轴主销孔中 在平面止推轴承上涂上润滑脂，并将其较小的内径一端滑套在转向节、主销的下部	以转向节下主销孔上端面与平面止推轴承下端面配合安装转向节
调节主销位置	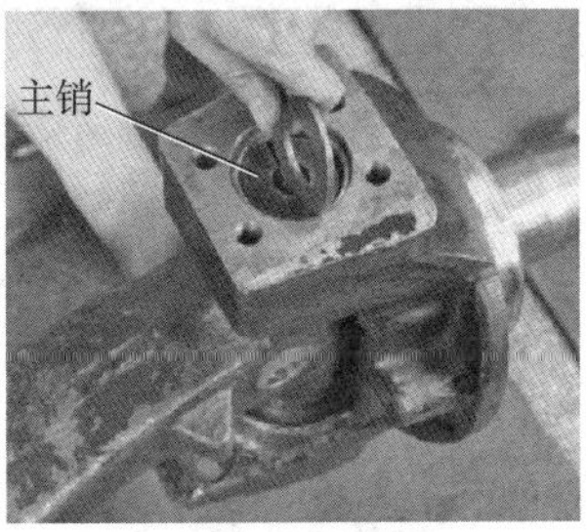	用专用工具调节主销位置	主销上的缺口应与楔形锁销孔方向一致
装配楔形锁销	 	用铜棒敲击楔形锁销	楔形的方向要与主销缺口方向平行

续表

工艺步骤	操作图示	操作说明	注意事项
装配上、下端盖	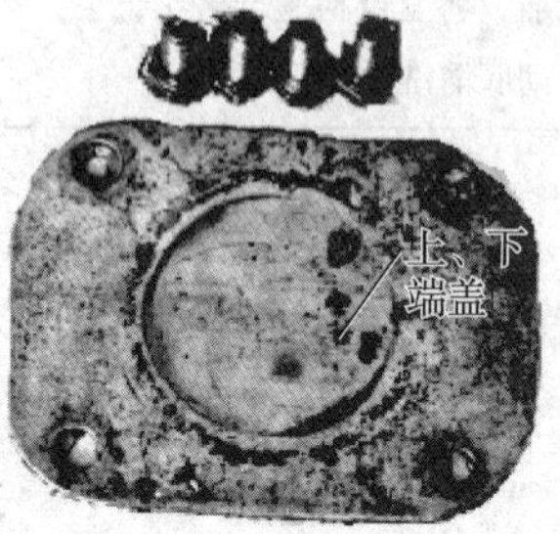 上、下端盖 下端盖	装配主销的上、下端盖	端盖位置不能装反
装配横拉杆及左、右横拉杆臂	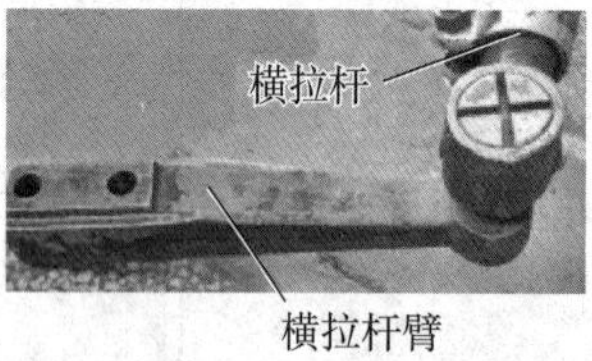 横拉杆 横拉杆臂	将横拉杆与横拉杆臂连接	横拉杆臂的凸起方向应朝上 螺栓的拧紧力矩在标准力矩表中查询
	 开口螺栓	用开口螺栓将左、右横拉杆臂装配到左、右转向节下部	拧紧力矩要按标准力矩表中查询值拧紧

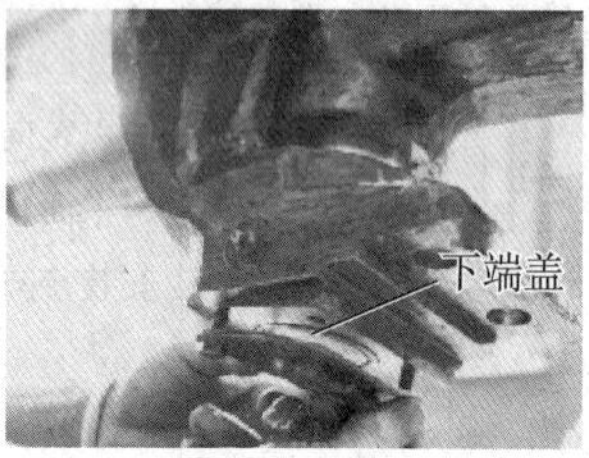

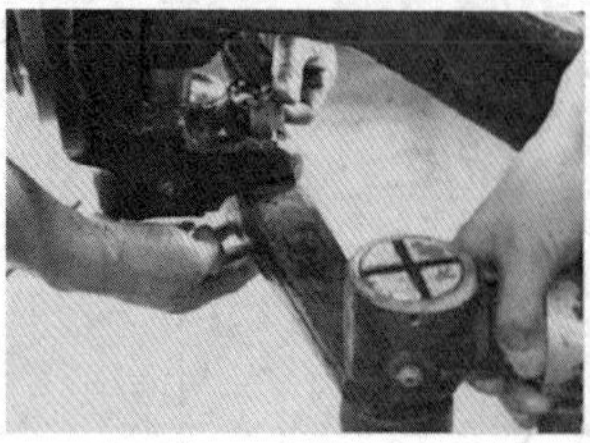

续表

工艺步骤	操作图示	操作说明	注意事项
装配制动鼓后盖、制动底板		装配制动鼓后盖	注意制动鼓后盖上凸轮轴孔的位置
	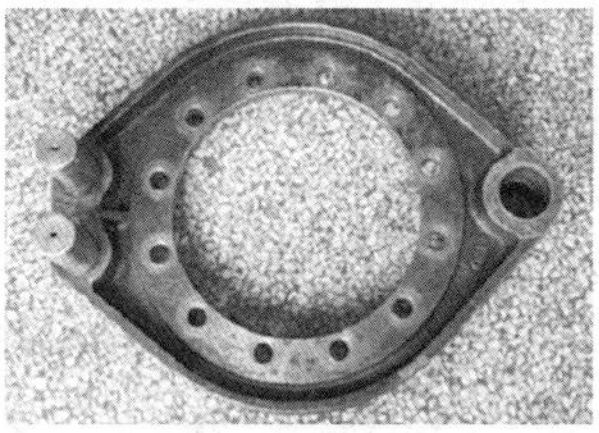		

		装配制动底板，拧紧螺栓	制动底板上的凸轮轴孔要与后盖上的凸轮轴孔一致并保持水平 要对称逐次拧紧螺栓。拧紧力矩查标准力矩表

续表

工艺步骤	操作图示	操作说明	注意事项
装配前轮毂内轴承		先在装配面上涂抹黄油，然后用压力机将轮毂内轴承装入转向节轴承安装处	保证轴承的安装方向正确（如左图所示），不能装反。在此过程中还要注意轮毂油封等的装入
装配凸轮轴	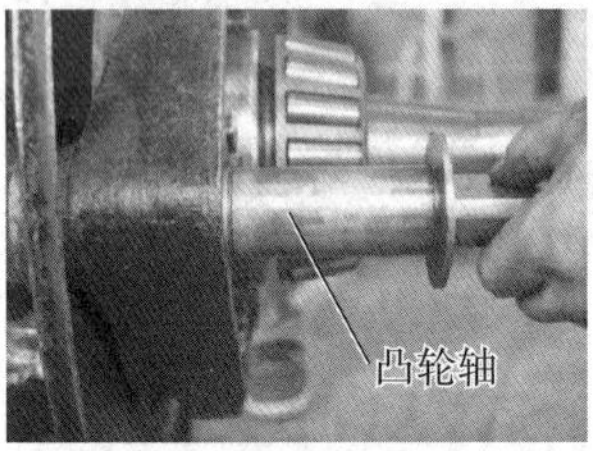	将轮毂凸轮轴装入制动底板内	在装入时应保持S端处于水平放置状态
装配制动蹄和挡片	 	将制动蹄装入制动底板上 在制动底板两轴上装入挡片	注意一边与2个轴配合，另一边与凸轮轴S端配合
装配轮毂制动鼓总成		装入轮毂制动鼓总成，拧紧螺栓	要对称逐次拧紧螺栓。拧紧力矩查标准力矩表

续表

工艺步骤	操作图示	操作说明	注意事项
装配轮毂外轴承		用压力机装入前轮毂外轴承，然后依次装入调整螺母、锁紧垫圈、止动垫圈	在装配面上均匀涂抹适量黄油，进行润滑
装配轮毂端盖		装入轮毂端盖，并拧紧螺栓	拧紧力矩参照标准力矩表
装配前支架	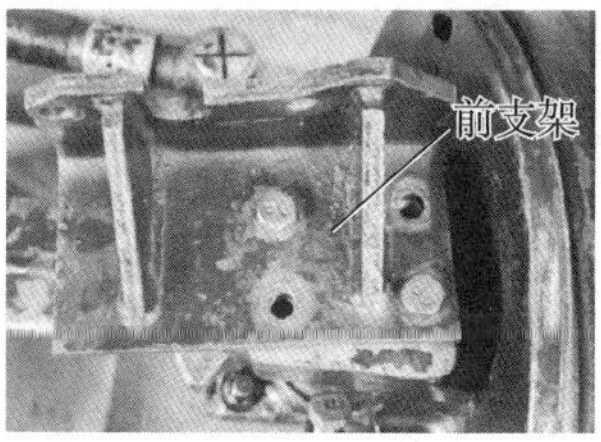	在转向节上装入前支架，拧紧螺栓	按对称顺序逐次拧紧螺栓。拧紧力矩参照标准力矩表
装配制动气室总成	 	在支架上装入制动气室总成	制动调整臂应装在凸轮轴的端部
调整		调整转向轮定位参数：主销后倾角 γ、主销内倾角 β、前轮外倾角 φ、前轮前束值	γ 为 2°～3°，β 为 5°～8°，φ 约为 1°，前轮前束值为 0～8 mm

复习思考题

1. 在题图 2—1—1 中指出转向桥的位置。

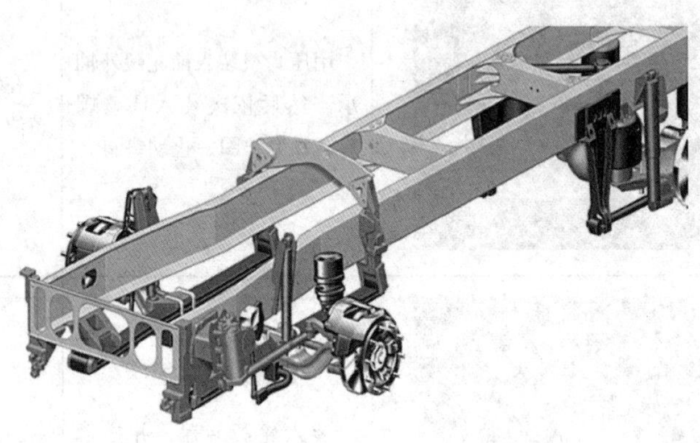

题图 2—1—1

2. 填写题表 2—1—1 中转向桥零部件的名称和作用。

题表 2—1—1　　　　转向桥零部件的名称和作用

名称	图示	作用

续表

名称	图示	作用

3. 简述转向轮定位参数的含义和作用。
4. 简述驱动桥的装配工艺步骤。

＊课题 2　轮式装载机驱动桥装配与检测

学习目标

1. 了解驱动桥的概念、功能、分类、组成与结构。
2. 熟悉驱动桥的装配技术要求。
3. 掌握驱动桥的装配与检测技能。

一、装载机驱动桥概述

轮式装载机传动系统组成如图 2—2—1 所示。动力从发动机输入变矩器，通过变速箱传入前、后传动轴及法兰，然后传入前、后驱动桥，从而驱动前、后车轮滚动。其工作路线为：发动机→变矩器→变速箱→前、后传动轴→前、后驱动桥（输入法兰→主减速器→半轴→轮边减速器）→前、后车轮。如图 2—2—1 所示，驱动桥位于变速器或传动轴之后、驱动轮之前。

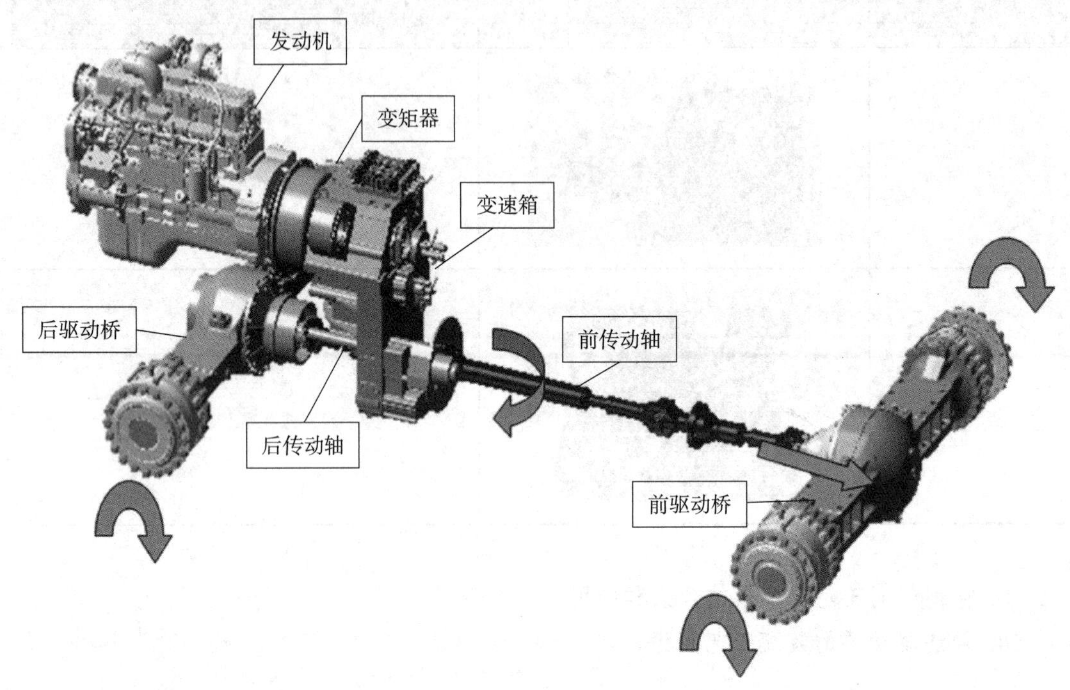

图 2—2—1　轮式装载机传动系统

1. 驱动桥的功能

驱动桥是位于传动系末端，能改变来自变速器的转速和转矩，并将它们传递给驱动轮的传动机构。它是将万向传动装置传来的发动机转矩通过主减速器、差速器、半轴等传到驱动车轮，降低转速，增大转矩；通过主减速器圆锥齿轮副改变转矩的传递方向；通过差速器实现两侧车轮的差速，保证内、外侧车轮以不同转速转向。

除了完成基本功能外，驱动桥还是整机的承重装置、行走轮的支承装置、行车制动器的安装与支承装置等。因此，驱动桥在轮式装载机中是一个非常重要的传动部件。

2. 驱动桥的分类

驱动桥按照结构形式可以分为整体式驱动桥（图 2—2—2a）和断开式驱动桥（图 2—2—2b）。

（1）整体式驱动桥

驱动车轮采用非独立悬架时，应选用整体式驱动桥（又称为非断开式驱动桥）。整体式驱动桥的半轴套管与主减速器壳均与轴壳刚性地连接成一个整体梁。因而两侧的半轴和车轮一起摆动，并通过弹性元件与车架相连。

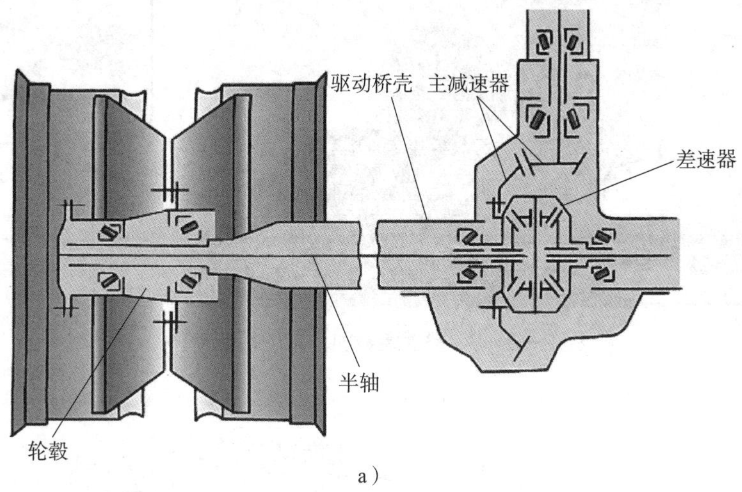

a）

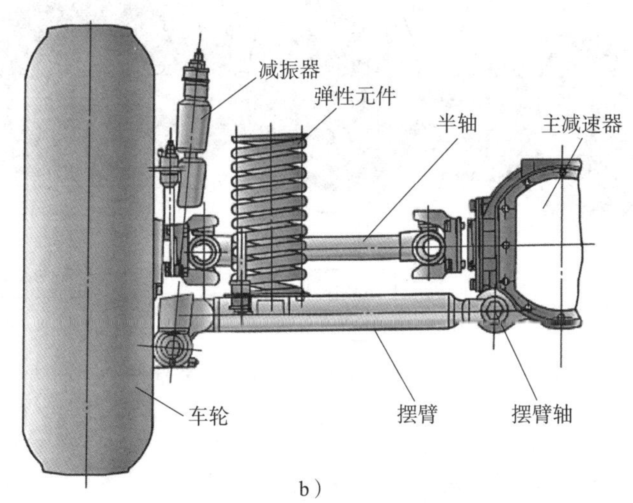

b）

图 2—2—2　驱动桥按结构分类

a）整体式驱动桥　b）断开式驱动桥

（2）断开式驱动桥

驱动桥采用独立悬架（即主减速器壳固定在车架上）时，应选用断开式驱动桥，使两侧的半轴和车轮能在横向平面内相对于车体运动。轮式装载机一般采用前、后整体式驱动桥，如图 2—2—3 所示。

3. 驱动桥的组成与结构

轮式装载机驱动桥的主要部件如图 2—2—4 所示。

图 2—2—3 轮式装载机的前、后驱动桥

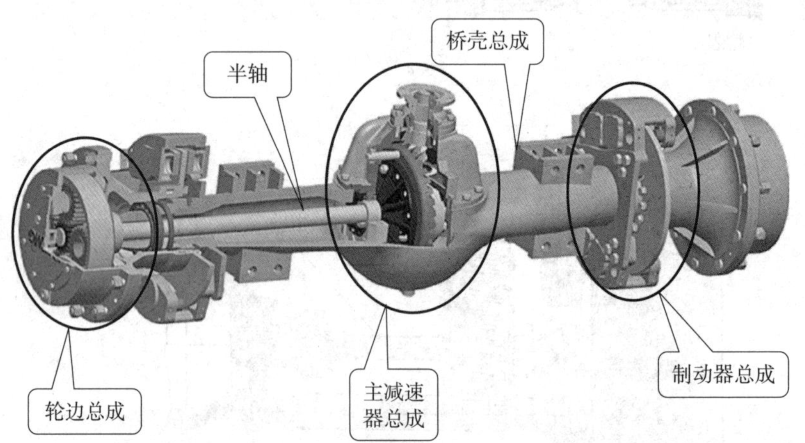

图 2—2—4 轮式装载机驱动桥的主要部件

（1）桥壳总成

它是主减速器、差速器等传动装置的安装基础。

（2）主减速器总成

它负责降低转速、增加转矩、改变转矩的传递方向。

（3）半轴

它将转矩从差速器传给车轮。

（4）轮边总成

它可以获得更大的离地间隙和主传动比，以提高通过能力和动力性。

轮式装载机驱动桥的结构如图 2—2—5 所示。该驱动桥主要由桥壳 33、主减速器 1（包含差速器）、半轴 5、轮边减速器（包含行星架 18、内齿圈 19、行星轮 21、行星齿轮轴 23、太阳轮 27 等）、轮胎 14 及轮辋 32 等组成。

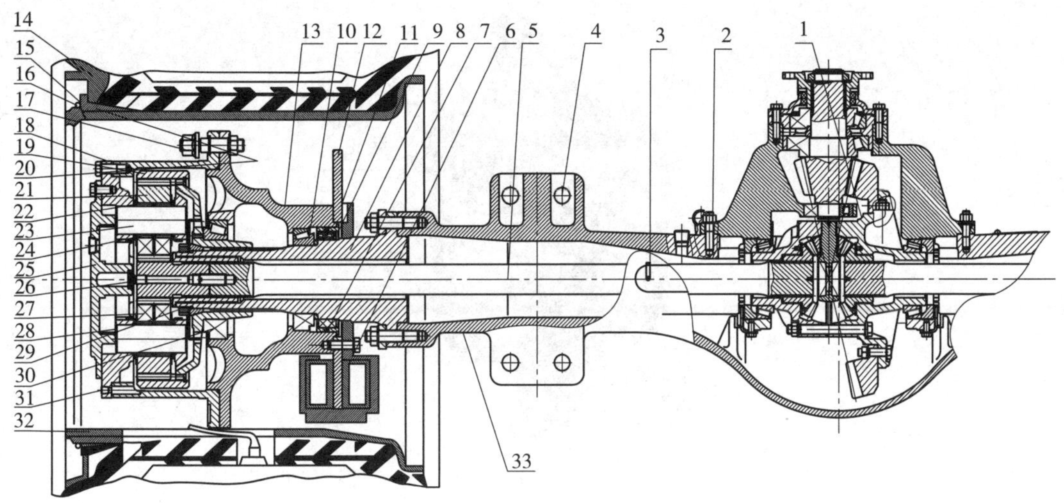

图 2—2—5 轮式装载机驱动桥的结构

1—主减速器 2—螺栓 3—透气管 4—螺栓 5—半轴 6—盘式制动器 7—油封 8—轮边支承轴 9—卡环 10—轴承 11—防尘罩 12—制动盘 13—轮毂 14—轮胎 15—轮辋轮缘 16—锁环 17—轮辋螺栓 18—行星架 19—内齿圈 20—挡圈 21—行星轮 22—垫片 23—行星齿轮轴 24—滚针轴承 25—盖 26—挡圈 27—太阳轮 28—密封垫 29—圆螺母 30—轴承 31—螺塞 32—轮辋 33—桥壳

4. 驱动桥的主要部件

（1）驱动桥主减速器的类型、结构与工作原理

1）类型。按照齿轮传动副的数目来分，主减速器可以分为单级主减速器、双级主减速器，如图 2—2—6 和图 2—2—7 所示。轿车、小型客车、轻型和中型货车一般采用单级主减速器；大型和重型货车、工程车辆多采用双级主减速器。

按照齿轮传动副的结构形式不同，主减速器有圆柱齿轮式、圆锥齿轮式和准双曲面齿轮式。圆柱齿轮式主减速器又可以分为定轴轮系和行星轮系。定轴轮系圆柱齿轮式主减速器适用于发动机横置的车辆，多采用圆柱齿轮；行星轮系式主减速器适用于大型和重型车辆的轮边减速器，其多采用螺旋圆锥齿轮。

另外，轮式装载机的前驱动桥和后驱动桥的区别在于主减速器中的螺旋锥齿轮副的螺旋方向不同，即前桥的主动螺旋锥齿轮为左旋，后桥的则为右旋。

2）结构与工作原理。单级主减速器结构如图 2—2—6 所示。单级主减速器的主动锥齿轮与传动轴相连接，安装在减速器壳上，减速器总成又安装在驱动桥壳上。从动锥齿轮与差速器外壳连成一体，并与主动锥齿轮啮合。主动锥齿轮带动从动锥齿轮和差速器外壳一起转动，通过 2 个半轴驱动车轮转动。由于主动锥齿轮齿数较少，从动锥齿轮齿数较多，所以能实现较大的减速作用。

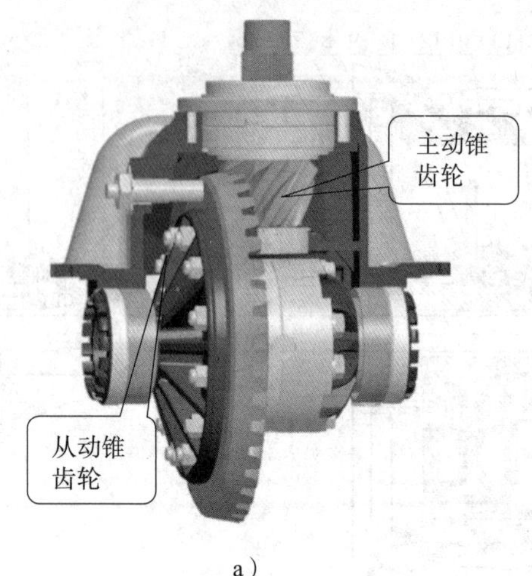

a）

从动圆锥齿轮及差速器
差速器轴承盖
锁片
紧固螺栓
止动片
锁片
主动锥齿轮调整垫片
主减速器壳
衬垫
后轴承
加油螺塞
主动圆锥齿轮
油封座衬垫
油封座
紧固螺栓
连接凸缘
垫圈
槽形螺母
差速器轴承调整螺母
差速器轴承
锁片
支承套
支承螺柱锁片
锁紧螺母
支承螺柱
开口锁
前轴承
主动锥齿轮前轴承座
主动锥齿轮前轴承隔套
调整垫片
前轴承
油封总成
止推垫圈

b）

图 2—2—6 单级主减速器

a）立体结构图 b）分解图

双级主减速器结构上比单级主减速器多了 1 个中间轴，具体结构如图 2—2—7 所示。主动锥齿轮与中间过渡齿轮的伞齿部分啮合，伞齿轮同轴有 1 个小直径的直齿轮，直齿轮与从动齿轮啮合。这样中间齿轮向后转，从动齿轮向前转动。中间有两级减速过程。

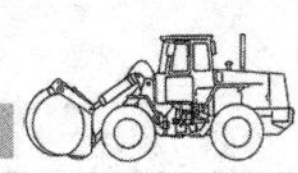

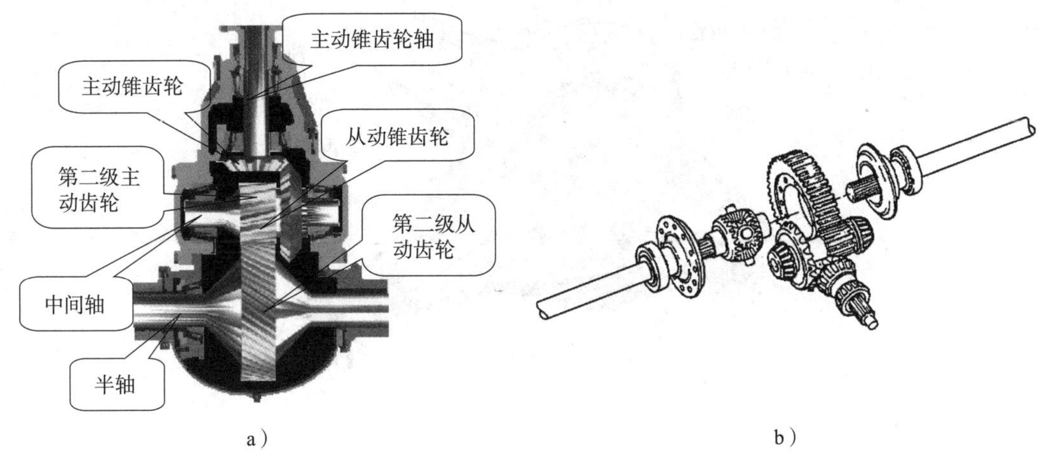

图 2—2—7　双级主减速器

a）立体示意图　b）基本结构分解

单级主减速器由 1 对锥齿轮构成，会因齿轮过大而造成尺寸过大，导致无法满足最小离地间隙。而双级主减速器因为采用 2 对齿轮实现降速，既保证了较大的主传动比，又保证有足够的最小离地间隙。

（2）驱动桥差速器的结构与作用、工作原理及特性

车辆转弯时，外侧车轮的转弯半径要大于内侧车轮的转弯半径。在转弯时，只有外侧车轮的转速高于内侧车轮的转速，才能保证外侧驱动车轮不发生相对地面的滑动。差速器是能够使左、右（或前、后）驱动轮实现以不同转速转动的机构。以普通差速器为例进行介绍。

1）结构与作用。如图 2—2—8a 所示，普通差速器主要由左、右半轴齿轮（通过半轴与车轮相连），2 个行星齿轮及行星架（行星架与环形齿轮连接）、1 个环形从动齿轮、1 个主动锥齿轮组成。差速器的作用是：一方面，使左、右驱动轮实现以不同的转速旋转；另一方面，将主减速器传来的转矩分给 2 个半轴，使两侧的驱动车轮产生驱动力。差速器的分解图如图 2—2—8b 所示。

2）工作原理。当车辆直线行驶时，左、右车轮受到的阻力一样，行星齿轮不自转，把动力传递到 2 个半轴上，这时左、右车轮转速一样（相当于刚性连接），如图 2—2—9a 所示。当车辆转弯时，左、右车轮受到的阻力不同，行星齿轮绕着半轴转动并同时自转，从而吸收阻力差，使车轮能够以不同的速度旋转，保证汽车平稳、顺利地转弯，如图 2—2—9b 所示。

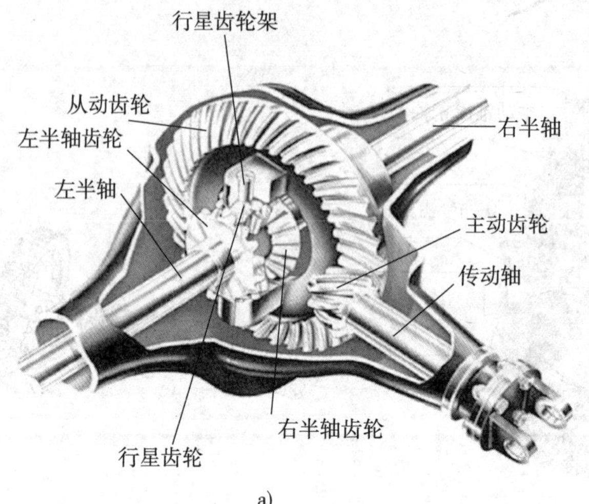

a)

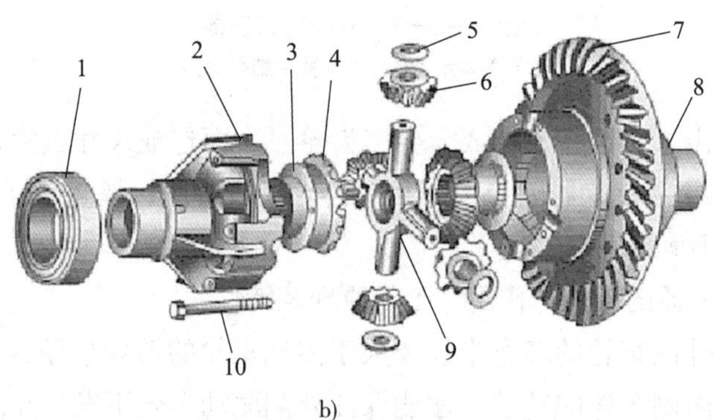

b)

图 2—2—8 普通差速器的结构与组成

a）结构立体图 b）分解图

1—轴承 2、8—差速器壳 3、5—调整垫片 4—半轴齿轮 6—行星齿轮 7—从动锥齿轮 9—行星齿轮轴 10—螺栓

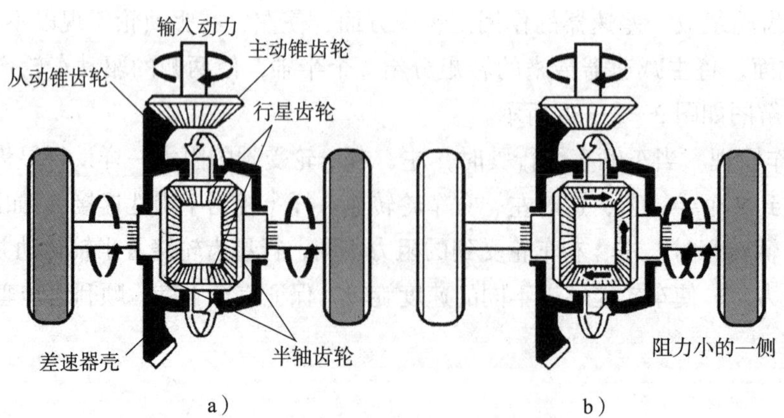

a） b）

图 2—2—9 差速器的工作原理图

由上所示可知，在装载机转弯或在其他工况下行驶时，可借助行星齿轮以相应转速自转，使两侧驱动车轮以不同的转速在地面上滚动，而不发生对地面的滑动。

3）差速器的特性

①当任何一侧半轴齿轮的转速为零时，另一侧半轴齿轮的转速为差速器壳体转速的 2 倍。

②当差速器壳的转速为零时，如果一侧半轴齿轮受其他外力矩作用而转动时，则另一侧半轴齿轮即以相反转速反向转动。

③当左、右轮存在转速差时，左右半轴的转矩分配不均匀，分给转速慢的半轴的转矩大些，分给转速快的半轴的转矩小些。

④作用在两半轴上的转矩之和，等于作用在差速器上的转矩。

（3）轮边减速器的结构与工作原理

1）作用。轮边减速器是传动系统中最后一个增矩、减速机构。它可以加大传动系统的减速比，满足整机的驾驶和作业要求；同时由于可以相应减小主减速器和变速箱的传动比，因此降低了这些零部件传递的转矩，减小了它们的结构尺寸。所以，目前大多数轮式装载机驱动桥装有轮边减速器。

2）结构。轮边减速器采用行星式传动机构。整个机构由主动的太阳轮、固定的内齿圈、从动的行星架和行星齿轮等组成，如图 2—2—10 所示。一般情况下，太阳轮（主动件）与半轴相连，行星轮架（从动件）与车轮相连，内齿圈与桥壳相接。

如图 2—2—10 所示，太阳轮与半轴用花键连成一体。内齿圈通过花键固定在驱动桥桥壳两端的轮边支承上，它是固定不动的。与太阳轮和内齿圈相啮合的行星齿轮，通过滚柱轴承和行星齿轮轴安装在行星架上。行星架和轮辋由轮辋螺栓固定成一体，因此轮辋和行星架一起转动。为了改善太阳轮和行星轮的啮合条件，使啮合载荷分布均匀，半轴没有固定的支承，处于浮动状态。轮边减速器的润滑系统是独立的，在行星架的端盖上设有油位检查孔和螺塞。而在行星架端面上设有加油孔和螺塞。

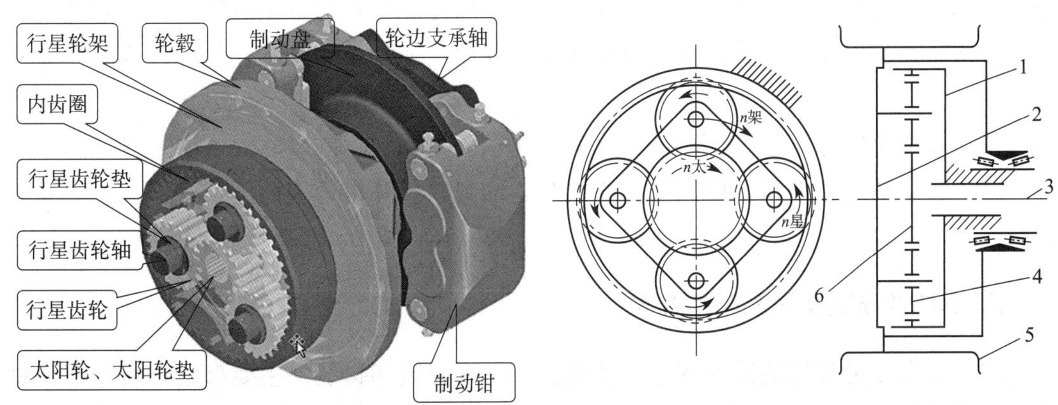

图 2—2—10　轮边减速器的结构

1—内齿圈　2—行星架　3—半轴　4—行星轮　5—轮辋　6—太阳轮

3）工作原理。从主减速器传来的动力通过半轴传递给轮边减速器，即半轴→太阳轮→行星轮→行星架→轮毂，带动驱动轮旋转，如图 2—2—11 所示。轮边减速器把主减速器传递的转速和转矩经过其降速增矩后，再传递到车轮，以便使车轮在地面附着力的反作用下，产生较大驱动力，从而减少了轮边减速器前面各零件的受力。

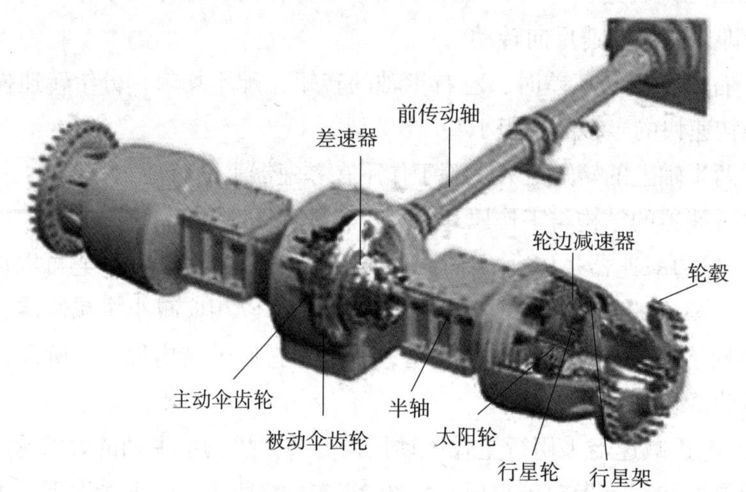

图 2—2—11　轮边减速器动力传递路线

二、驱动桥的装配技术要求

1. 外观要求

（1）驱动桥外表面应清洁，无锈蚀、裂纹、毛刺和其他影响性能的缺陷，铸件不允许有影响质量的裂纹、夹渣、气孔等缺陷。允许用补焊及其他方法对铸件的缺陷做工艺上的合理修补，但是修补后零件的机械强度和使用性能均不得降低，并应符合图样及产品技术要求。

（2）焊缝应均匀焊透、牢固可靠、整体美观，不得有漏焊、烧穿、裂纹等缺陷。

（3）驱动桥的加油口、放油口、通气塞、油封以及各接合表面不得有漏油、渗漏的现象。

2. 零部件质量及装配调整要求

（1）所有零部件均应装配齐全、正确，不得有漏装和错装，主要部位拧紧力矩及总成调整质量应符合产品图样及装配工艺的要求，其他用紧固件连接的部位应牢固可靠，拧紧力矩应符合 QC/T 518—2013 规定。

（2）各零部件装配前须清洗干净，不允许有金属碎屑、砂粒和污垢等。

（3）主动齿轮及从动齿轮应配对检验，并符合以下要求：

1）运转灵活，无卡滞现象。

2）接触痕迹应不小于 60%，印痕在齿高方向偏向齿顶、齿长方向，偏向小端。

3）空载或轻微负荷下，主动齿轮以 1 000 r/min 的转速分别向正、反两个方向旋转时，应无异响。

4）主动、从动齿轮配对后应做配对标记。

（4）驱动桥主动锥齿轮安装距离偏差应不超过 ±0.05 mm。

（5）驱动桥齿轮间隙变动限值应符合表 2—2—1 的规定。

表 2—2—1　　驱动桥齿轮间隙变动限值　　单位：mm

项目	允许值	允许变动值
主动齿轮和从动齿轮齿侧间隙	0.03 ~ 0.26	≤ 0.03
半轴齿轮和行星齿轮齿侧间隙	0.1 ~ 0.4	≤ 0.10

注：允许用控制半轴齿轮的轴向窜动量来保证半轴齿轮和行星齿轮齿侧间隙。

（6）制动鼓与摩擦片的间隙符合驱动桥装配图或设计文件的规定，制动鼓与摩擦片的接合面不得有油污、水、杂物等。

（7）中型、重型车辆的差速锁在规定条件下，接合、分离应彻底、灵活，传感器应工作正常。

3. 驱动桥性能要求

（1）驱动桥总成的密封性能

1）从放气阀向驱动桥总成内注气，加一定的气压；然后，堵塞放气阀，将驱动桥总成浸入水中。此时，要求水面没有明显气泡出现。

2）从放气阀向驱动桥总成内注气，加压至 20 kPa；然后，堵塞放气阀，保持 30 s 后，气体泄漏量不大于 500 mL，或压力下降不大于 1 kPa。

（2）驱动桥总成台架试验性能要求

在总成试验台上，进行驱动桥总成正、反方向的运转试验。试验前，桥壳内应加入洁净的驱动桥齿轮油，试验完毕将油放净。试验输入转速不低于 2 200 r/min，正转 8 min，反转 2 min，驱动桥总成应满足以下要求：

1）齿轮副运转应均匀，没有异响。

2）驱动桥总成噪声应符合表 2—2—2 的规定。

表 2—2—2　　驱动桥总成噪声

车型	齿轮情况	噪声（dB）
轻型	从动齿轮外径 $d \leqslant 300$ mm	皮卡、轻客、高档载货汽车≤ 80 其他载货汽车≤ 84
	从动齿轮外径 $d > 300$ mm	≤ 86
中型	单级传动	≤ 87
	双级传动	≤ 85
重型	单级传动	≤ 86
	双级传动	≤ 84

注：对该项指标存在特殊要求的车辆，应按相应图样、文件或技术协议执行。

3）制动鼓运转应均匀，不允许有摩擦片接触制动鼓的摩擦声和其他杂音，制动鼓不允许有轴向窜动和明显的径向跳动。

4）驱动桥总成各处不允许有渗油现象。

5）试验时检查各总成散热部件的温度，其相对于环境的最高温升不超过 60℃。

三、装配前的准备工作

1. 装配轮毂总成的准备清单（表 2—2—3）

表 2—2—3　　装配轮毂总成的准备清单

装配内容	名称	数量	设备、工具、辅具（料）
装配轴承	轮毂	1	—
	轴承 32221	1	—
	轴承 32024	1	—
组装油封端盖	油封端盖	1	—
	密封圈	2	—
	密封垫	1	—
装配油封端盖总成	螺栓 M8 × 60	6	—
	垫圈 ϕ 8 mm	6	—
装配制动盘	制动盘	2	套筒 ϕ 30 mm
	螺栓 M20 × 1.5 × 50	10	扭力扳手 100 ~ 750 N · m

2. 装配行星架总成的准备清单（表 2—2—4）

表 2—2—4　　装配行星架总成的准备清单

装配内容	名称	数量	设备、工具、辅具（料）
装配行星齿轮、滚针	行星齿轮	3	—
	滚针 ϕ5 mm × 45 mm	93	—
	挡环	6	—
装配行星轮轴、螺塞	行星架	1	—
	垫片	6	专用辅具
	行星轮轴	3	—
	钢球 ϕ9.525 mm（3/8 in）	3	铜棒
	螺塞	2	—
	组合垫圈 ϕ24 mm	2	内六角扳手

3. 装配主动螺旋锥齿轮的准备清单（表 2—2—5）

表 2—2—5　　装配主动螺旋锥齿轮的准备清单

装配内容	名称	数量	设备、工具、辅具（料）
装配轴承、轴承套	轴承套	1	压力机 Y41—63A
	轴承 31313	1	轴承外圈压装套
选配调整垫片	轴承 31314	1	专用辅具
	轴套	1	压力机
	调整垫片	1 或 2 件	测力计 0 ~ 5 kg
装配主动螺旋锥齿轮	主动螺旋锥齿轮（左旋）前桥用	1	压力机
	主动螺旋锥齿轮（右旋）后桥用	1	轴承压装辅具
	轴承 NUP2307	1	—
	挡圈	1	挡圈钳
装配圆柱滚子轴承、测量 L_1	—	—	推拉测力计 0 ~ 5 kg、压力机、高度尺 0 ~ 500 mm
	—	—	工装套、测量平台
选配托架小端调整垫片	托架总成	1	气动扳手、套筒
装配主动螺旋锥齿轮总成	—	—	压力机

4. 装配差速器总成的准备清单（表 2—2—6）

表 2—2—6　　装配差速器总成的准备清单

装配内容	名称	数量	设备、工具、辅具（料）
装配十字轴总成	十字轴	1	专用辅具
	锥齿轮	4	刷子、黄油
	锥齿轮垫片		—
装配半轴齿轮	差速器左壳、右壳	各 1 件	刷子、黄油
	半轴齿轮垫片	1 组	—
	半轴齿轮	2 件	—
调整齿轮啮合间隙	—		铜棒、百分表、百分表座
左右差速器壳合壳	螺栓	8	铜棒、气动扳手、套筒 S24
	螺母	8	扭力扳手、螺纹胶 620
装配从动螺旋锥齿轮、轴承	前桥从动螺旋锥齿轮	1	铜棒、齿轮感应加热器
	后桥从动螺旋锥齿轮	1	小锤
	螺栓	12	旋具
	轴承 47686	2	轴承装配专用辅具
紧固螺栓、装配轴承 47686	螺母	12	气动扳手、套筒 S21、扭力扳手、铜棒、轴承加热感应器、轴承装配专用辅具

5. 装配主减速器总成的准备清单（表 2—2—7）

表 2—2—7　　装配主减速器总成的准备清单

装配内容	名称	数量	设备、工具、辅具（料）
组装密封盖总成	密封盖	1	刷子、黄油、铜棒
	骨架油封（B）	1	油封装配专用辅具
	骨架油封（FB）	1	—
选配法兰	前桥连接法兰组件	1	—
	垫圈	1	—
	锁紧螺母	1	—
装配密封盖总成、法兰组件	螺栓 M12 × 55—10.9	1	胶枪、平面硅胶
	垫圈 12	1	气动扳手、套筒 S18、S21、螺纹胶
	螺栓 M14 × 55—10.9	7	气动扳手、专用辅具
	垫圈 ϕ 14 mm	7	—

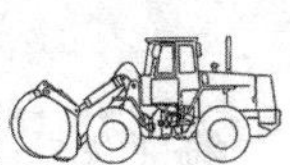

续表

装配内容	名称	数量	设备、工具、辅具（料）
锁紧螺母紧固	—	—	气动扳手、扭力扳手
	—	—	专用套筒
装配差速器总成	—	—	铜棒、专用紧固工具
	—	—	气动扳手、套筒 S30
	—	—	螺纹胶
调整齿轮啮合间隙	—	—	铜棒、錾子、百分表、百分表座、红丹粉
装配主减速器盖	锁紧片	2	扭力扳手 150～500 N·m
	螺栓 M10×20	2	套筒 S34、M10 扳手、螺纹胶
	低碳钢丝 ϕ1.6 mm×600 mm	2	钳子
装配止推螺栓	止推螺栓	1	—
	锁紧片	1	—
	螺母 M27×2	1	M10 扳手、平面密封胶、胶枪、生胶带

6. 材料、工具、量具、器具、资料的准备清单（表 2—2—8）

表 2—2—8　　　　材料、工具、量具、器具、资料的准备清单

名称	单位	数量	名称	单位	数量
ZL50 型轮式装载机	台	1	0.5 t 悬臂起重机	台	1
驱动桥	个	6	清洗液（柴油）	L	2
双头呆扳手	套	1	任务书	本	1
气动扳手	把	1	驱动桥装配图、零件图	套	1
锤子	把	1	企业生产管理规程和安全操作规程	份	1
铜棒	根	1			

四、技能训练

1. 驱动桥部件装配

驱动桥部件装配包括轮毂总成装配、行星架总成装配、主动螺旋锥齿轮总成装配、差速器总成装配、主减速器总成装配。

（1）轮毂总成装配

轮毂总成如图 2—2—12 所示。轮毂总成装配见表 2—2—9。

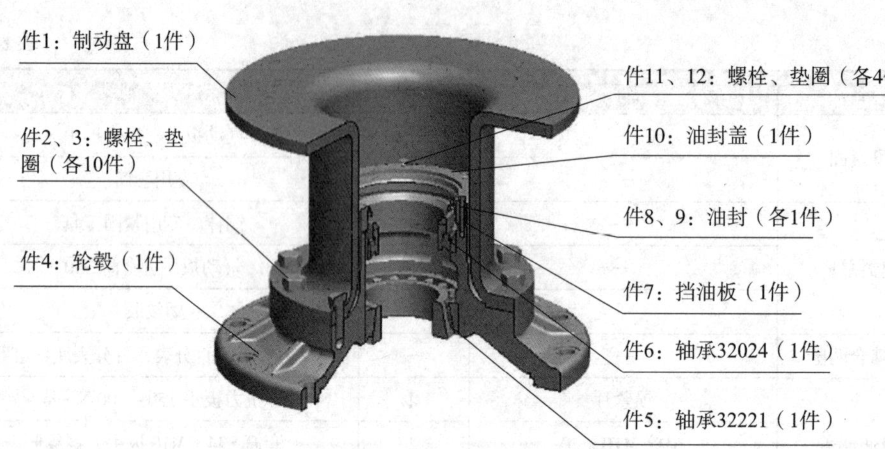

图 2—2—12　轮毂总成

表 2—2—9　　轮毂总成装配

工艺步骤	操作图示	操作说明	注意事项
装配轴承	轴承外圈	用轴承压装套将第一个轴承外圈压入孔内	将轴承外圈放入工业冷冻箱冷冻
		翻转轮毂，使小端向上	—
		装配第二个轴承	方法同前

续表

工艺步骤	操作图示	操作说明	注意事项
组装油封端盖	在轮毂内的油封配合表面上涂抹润滑脂	在油封端盖内壁沿顺时针方向均匀涂抹黄油	—
	件8装配唇口方向（向内侧） 件9装配唇口方向（向上）	用密封圈专用压装套将密封圈装入油封端盖	注意两种密封圈的装配顺序和装配方向
	压装后在油封工作表面涂抹润滑脂	在密封圈工作表面上均匀地涂抹适量的黄油	—
		将密封垫装在油封端盖上	—
装配油封端盖总成		把油封端盖装配在轮毂小端，拧上螺栓和垫圈进行固定	螺栓的螺纹上要涂抹螺纹胶

续表

工艺步骤	操作图示	操作说明	注意事项
装配油封端盖总成		按照正确的力矩和顺序拧紧6个螺栓	螺栓的拧紧力矩为21～90 N・m 按交叉对称原则拧紧
		将制动盘吊装在轮毂小端 用垫圈和螺栓将轮毂和制动盘连接起来	—
装配制动盘	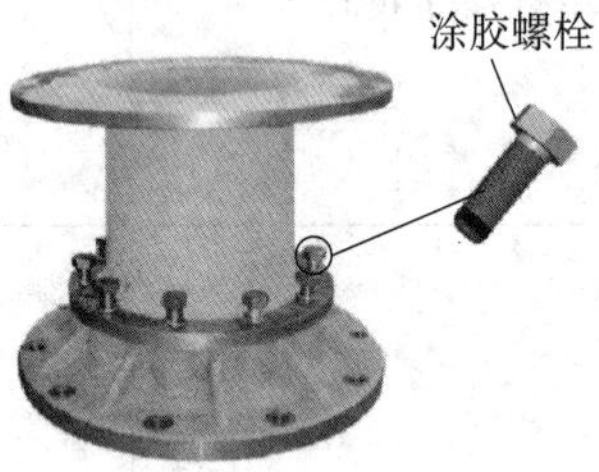	用螺栓组件将制动盘预紧在轮毂上	在螺栓的螺纹面上涂抹螺纹胶
		按照正确的力矩和顺序拧紧6个螺栓	螺栓的拧紧力矩为350～500 N・m 按交叉对称原则拧紧

（2）行星架总成装配

行星架总成如图2—2—13所示。行星架总成装配见表2—2—10。

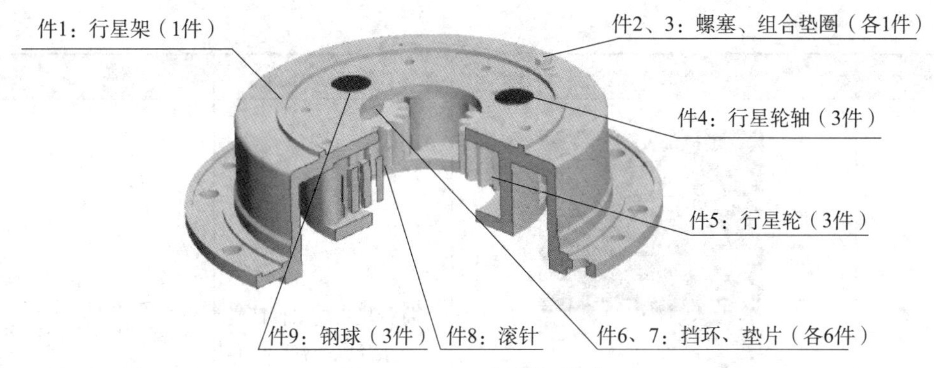

图 2—2—13　行星架总成

表 2—2—10　　　　行星架总成装配

工艺步骤	操作图示	操作说明	注意事项
装配行星齿轮和滚针		在行星齿轮孔内表面均匀涂抹黄油	黄油的量要能粘住滚针
	滚针	在涂有黄油的内孔壁上均匀装上 31 根滚针（不同型号的滚针数量不同）	装配时应分组选配同一批次、同一包装盒内的滚针，按 31 个为一组，同组内最大滚针直径与最小滚针直径之差应小于 0.003 mm 滚针端面不能超出行星轮端面
	件5 件8 件6 挡环 挡环	在行星轮孔两端装配挡环	—

续表

工艺步骤	操作图示	操作说明	注意事项
装配行星轮轴、螺塞	 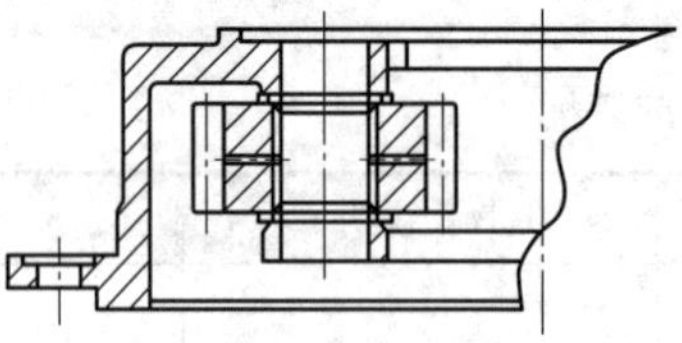	将行星齿轮组件两端装上垫片，分别装入行星架的 3 个座孔内	装配时注意行星齿轮组件放入的方向及位置
	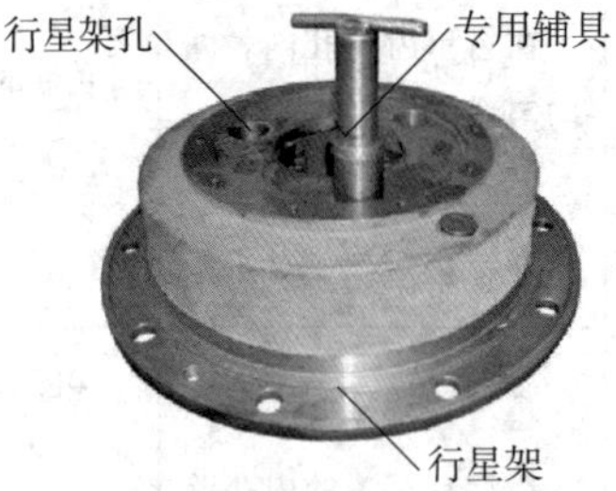 行星架孔　专用辅具　行星架	把专用辅具插入行星架孔中，顺时针或逆时针旋转，保证行星架孔、行星轮孔中心重合	—
	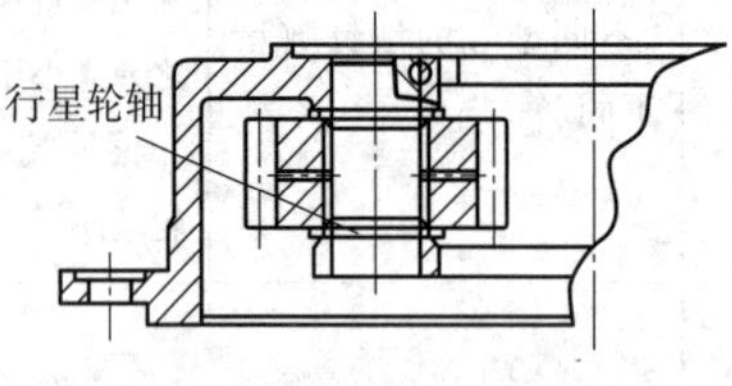 行星轮轴	用铜棒将行星轮轴装入行星架轴孔内，到端部时将钢球装入行星轮轴，并对准行星架上的半圆孔，一起装入	如果没有对准，可以用专用辅具调整
		装配组合垫圈、螺塞，将螺塞和组合垫圈拧紧到行星架上 行星轮应转动自如，无卡滞现象	—

（3）主动螺旋锥齿轮总成装配

主动螺旋锥齿轮总成如图 2—2—14 所示。主动螺旋锥齿轮总成装配见表 2—2—11。

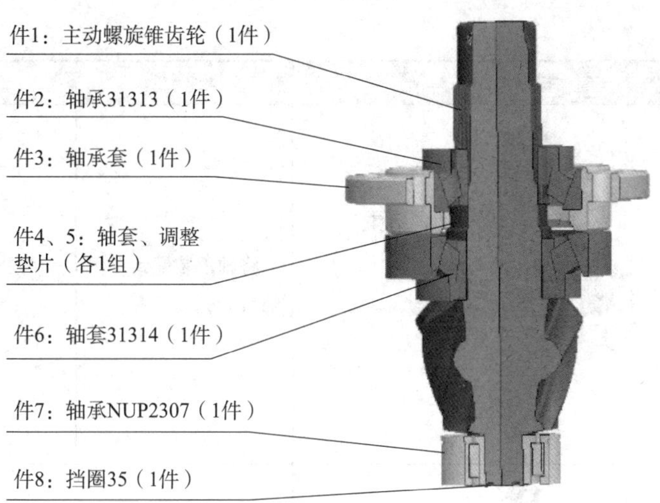

图 2—2—14　主动螺旋锥齿轮总成

表 2—2—11　　　　主动螺旋锥齿轮总成装配

工艺步骤	操作图示	操作说明	注意事项
轴承、轴承套装配	轴承外圈 轴承座	将轴承外圈放在轴承座孔口	在装配时轴承外圈要放正，不得歪斜或错位
	用压力机将轴承31313外圈压入轴承套 轴承31313外圈压装辅具	用压力机将轴承31313外圈压入轴承座孔内	压装时，轴承外圈必须压装到位
		将轴承内圈配套装入轴承外圈内	轴承内、外圈应配对，不能混装

续表

工艺步骤	操作图示	操作说明	注意事项
选配调整垫片	 专用辅具	将轴承装配到专用辅具上	—
	 轴套	将轴套、调整垫片装入	尽量只使用1个调整垫片，最多不超过2个
		将前一道工序装配好的组件装入	—
	 压力机 轴承31313内圈压装辅具 测力计	用压力机压紧轴承31313的内圈，用推拉测力计勾住轴承套上的孔，沿切线方向拉动推拉测力计，读数。根据推拉测力计的读数选配调整垫片	如果读数为1.5 ~ 3.0 kg，说明调整垫片的选取正确 如果读数小于1.5 kg，应该取下轴承的内圈，减小轴套和调整垫片的厚度；然后，重新测量直至读数合格 如果读数大于3.0 kg，应取下轴承的内圈，增大轴套和调整垫片的厚度；然后，重新测量直至读数合格

续表

工艺步骤	操作图示	操作说明	注意事项
装配主动螺旋锥齿轮	压力机 轴承31313内圈压装辅具	在主动螺旋锥齿轮与轴承配合表面均匀涂抹适量的润滑脂，并用压力机将轴承31314装配到主动螺旋锥齿轮上	轴承应放正，不得歪斜，标记端朝上，内圈压装到位 前桥装配主动螺旋锥齿轮（左旋），后桥装配主动螺旋锥齿轮（右旋）
		依次装配选配好的轴套和调整垫片	—
	压力机 轴承31313内圈压装辅具	用压力机压装已经装配好的轴承套组件	轴承应放正，不得歪斜，标记端朝上
	轴承NUP2307内圈压装辅具	掉头，在主动螺旋锥齿轮与轴承 NUP2307 配合面上涂抹均匀适量的润滑脂，用压力机将轴承 NUP2307 内圈压装到位	压装时轴承 NUP2307 内圈要放正，不得歪斜

续表

工艺步骤	操作图示	操作说明	注意事项
装配主动螺旋锥齿轮	 NUP2307轴承 挡圈	套上 NUP2307 轴承外圈，用轴用挡圈钳将挡圈装到主动螺旋锥齿轮凹槽内	轴承内、外圈必须配对
测阻力矩、测量 L_1	 轴承套	用压力机压紧轴承 31313 的内圈，用管形测力计钩住轴承套上的 ϕ15 mm 孔，沿切线方向拉动测力计，读数	如果读数为 1.7～3.0 kg（即阻力矩为 1.5～2.6 N·m），说明垫片选取正确 如果读数小于 1.7 kg，应取下轴承 31313 内圈，减小轴承套的厚度；然后，重新测量直至读数合格 如果读数大于 3.0 kg，应取下轴承 31313 内圈，增大轴承套的厚度；然后，重新测量直至读数合格
	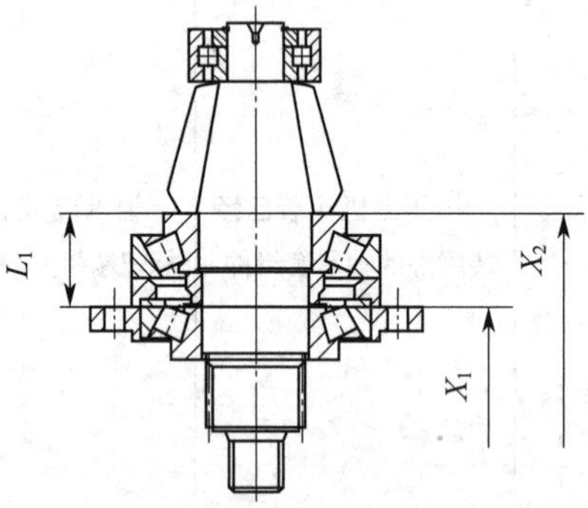 L_1　X_2　X_1 $L_1=X_2-X_1$ 工装套 	将工装套放置在平台上，然后将装配好的主动螺旋锥齿轮总成放置在工装套上。用高度尺在轴承内圈测量面上均匀取三点测量（如左图所示），取测量平均值得到尺寸 X_2、X_1，计算得出 L_1	—

续表

工艺步骤	操作图示	操作说明	注意事项
测阻力矩、测量 L_1		—	—

（4）差速器总成装配

差速器总成如图 2—2—15 所示。差速器总成装配见表 2—2—12。

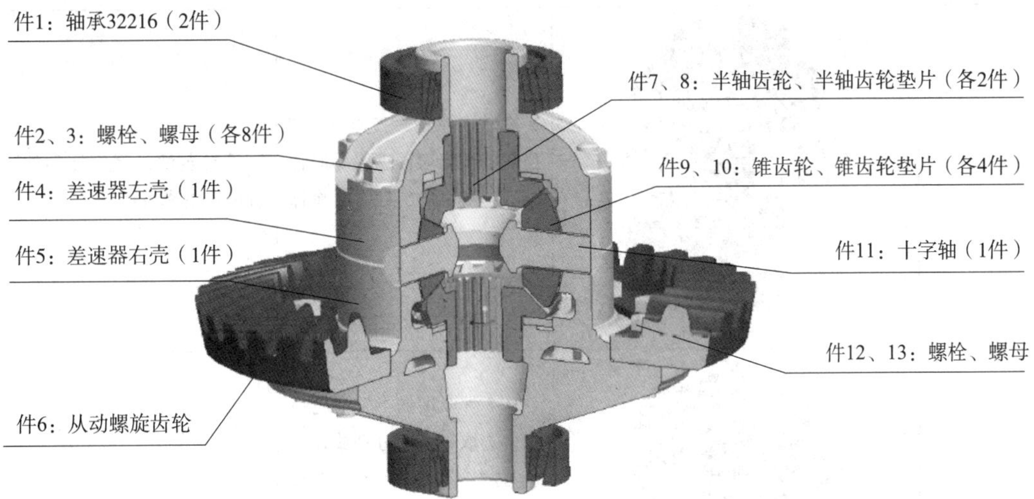

图 2—2—15　差速器总成

表 2—2—12　　差速器总成装配

工艺步骤	操作图示	操作说明	注意事项
装配十字轴总成	十字轴 专用辅具	把十字轴放到专用辅具上	十字轴放置要平稳

续表

工艺步骤	操作图示	操作说明	注意事项
装配十字轴总成	 锥齿轮	在十字轴的4个轴上各装配1个锥齿轮，并在锥齿轮大端面上均匀涂抹适量的润滑脂	锥齿轮小端（即凹面一端）向内装配
	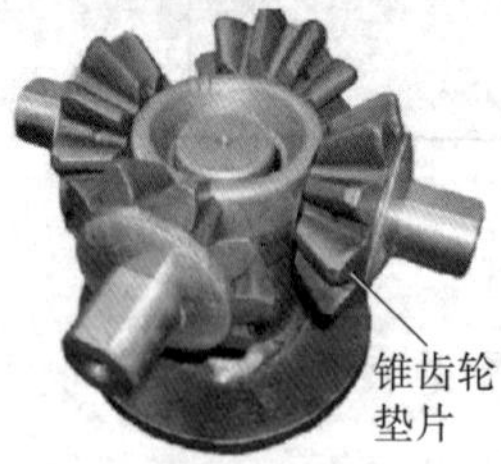 锥齿轮垫片	装配4个锥齿轮垫片	尽量选取厚度相同的锥齿轮垫片
装配半轴齿轮	 差速器壳表面涂油	在差速器左、右壳与半轴齿轮的配合表面上沿顺时针（或逆时针）方向均匀涂抹黄油	涂抹黄油的量以能粘住半轴齿轮垫片为宜
	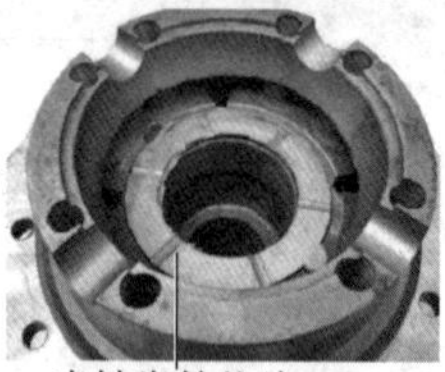 半轴齿轮垫片	从3种厚度的半轴齿轮垫片中选取一组，分别放在差速器左、右壳中，然后在垫片上均匀涂抹适量的润滑脂	—
	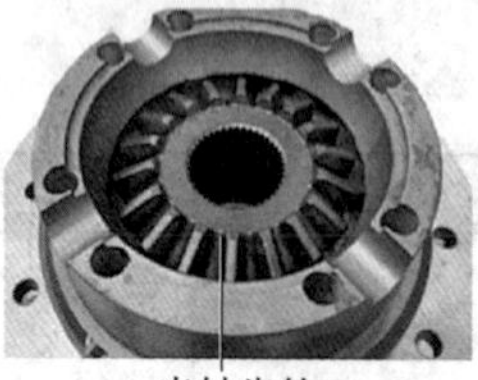 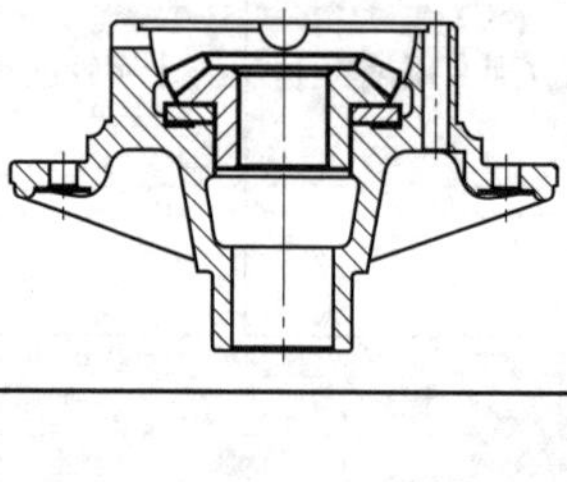 半轴齿轮	分别在差速器左、右壳中装配半轴齿轮；装配后用手试着转动齿轮，应转动自如	半轴齿轮与锥齿轮必须是同一厂家生产的

续表

工艺步骤	操作图示	操作说明	注意事项
调整齿轮啮合间隙		在差速器右壳上装配十字轴总成。装配后，试着转动锥齿轮，应转动自如，无卡滞现象	—
		用百分表测量差速器右壳中锥齿轮与半轴齿轮的啮合间隙。根据测量值，调整啮合间隙	如果间隙小于 0.18 mm，应减小半轴齿轮垫片和锥齿轮垫片的厚度 如果间隙大于 0.23 mm，应增加半轴齿轮垫片和锥齿轮垫片的厚度
		从差速器右壳中拿下十字轴总成，装配到左壳中。装配后，试着转动锥齿轮，应转动自如，无卡滞现象	—
		调整差速器左壳中锥齿轮与半轴齿轮的啮合间隙，方法同前述	—
左、右差速器壳合壳	差速器左壳 差速器右壳	将差速器左壳、右壳和用于配对测量的十字轴总成装配在一起	差速器左、右壳应按照配对标记进行装配

续表

工艺步骤	操作图示	操作说明	注意事项
左、右差速器壳合壳		用螺母、涂过胶的螺栓将差速器的左、右壳连接在一起，并紧固	装配前，在螺栓上与螺母的配合部位点胶，并在3~5扣的螺纹表面涂抹紧固胶620，使胶填满螺纹的间隙
	 双轴拧紧机	用双轴拧紧机紧固左、右壳的连接螺母。拧紧机绿灯亮表示拧紧合格	螺母的拧紧力矩为206~245 N·m 按照交叉对称原则紧固
		用半轴辅具转动半轴齿轮进行试验，应转动灵活，无卡滞现象	如果感觉半轴齿轮转动过松或过紧，应拆解，重新调整齿轮的啮合间隙
装配从动螺旋锥齿轮、轴承		在齿圈感应器上加热从动螺旋锥齿轮。加热温度小于120℃，一次可加热1~2件	前桥装右旋从动齿轮，后桥装左旋从动齿轮

续表

工艺步骤	操作图示	操作说明	注意事项
装配从动螺旋锥齿轮、轴承	从动螺旋锥齿轮	加热后立即将从动螺旋锥齿轮装配到差速器右壳上	前桥装右旋从动齿轮，后桥装左旋从动齿轮
	螺栓	将从动螺旋锥齿轮与右壳压实后装螺栓	用小锤将齿轮从上向下敲入 装配前，螺栓螺纹表面涂抹紧固胶 620，方法同前述
	轴承	将轴承加热到 90～100℃，一次可加热 1～3 件 加热后，立即用轴承装配辅具将轴承装配到位（轴承外圈先不装配，待后续操作中装配） 装配后，试着转动轴承，要转动自如，无卡滞现象	装配时轴承标记端向上。轴承转动平稳，不歪斜
	加力紧固螺母	将装配好的组件翻转 180°，安装螺母，并用双轴拧紧机加力进行紧固。拧紧机绿灯亮即表示拧紧合格	螺母按照交叉对称的原则拧紧 拧紧力矩为 230～280 N · m

续表

工艺步骤	操作图示	操作说明	注意事项
装配从动螺旋锥齿轮、轴承		用轴承加热器将轴承加热	装配时轴承标记端向上。轴承转动平稳，不歪斜
		然后立即装配轴承，方法同前述	—

（5）主减速器总成装配

主减速器总成如图 2—2—16 所示。主减速器总成装配过程见表 2—2—13。

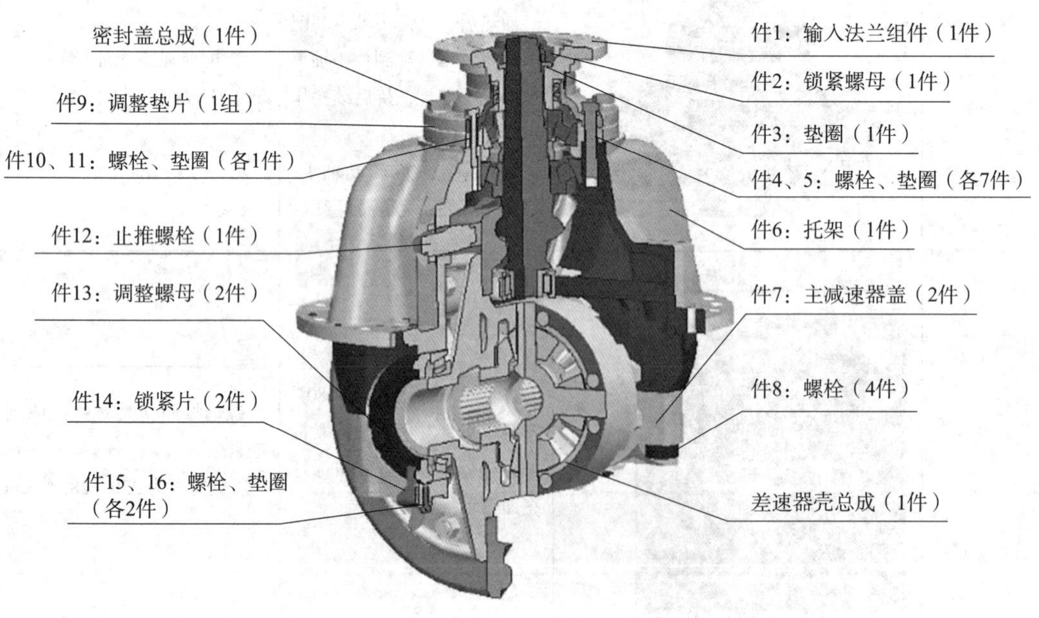

图 2—2—16 主减速器总成

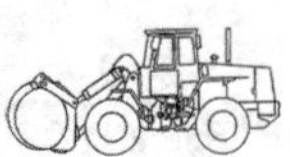

表 2—2—13　　　　主减速器总成装配

工艺步骤	操作图示	操作说明	注意事项
拆解托架，测量 X_1		拆解托架总成，按照拆解顺序正确放置各个零件	注意轴承座与托架配对标识，以免装错
		用平锉刀打磨托架的端面，并保持清洁	—
		用游标高度尺测量尺寸 X_1，计算厚度 δ： δ= 主动螺旋锥齿轮安装距 $+L_1-$（X_1+140/2） 主动螺旋锥齿轮安装距——主动螺旋锥齿轮轴端标记的数值 L_1——组装主动螺旋锥齿轮总成工序时测量的尺寸	所用的主动螺旋锥齿轮必须与该托架在装配时配对，不能混装

续表

工艺步骤	操作图示	操作说明	注意事项
选配托架调整垫片	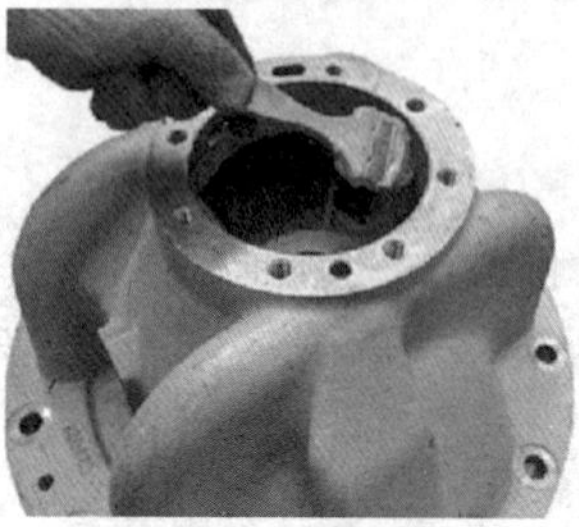	在 ϕ 150M7 孔内壁均匀涂抹适量的钙基润滑脂	—
	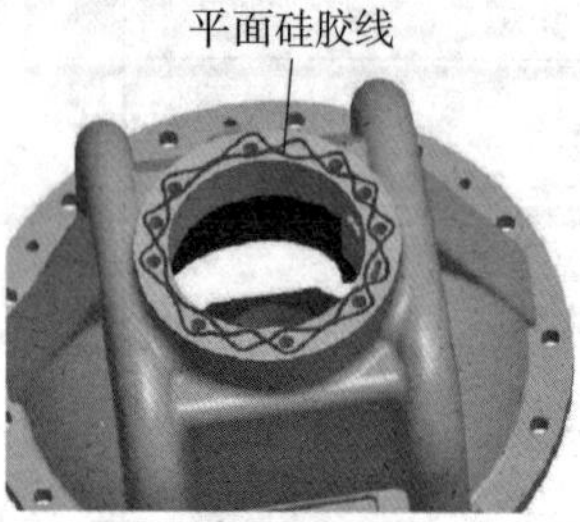 平面硅胶线	在托架小端面上涂抹平面硅胶，胶线形成连续曲线	胶线均匀，直径约为 ϕ 3 mm 胶线应围绕螺纹孔，不能涂到油孔内
	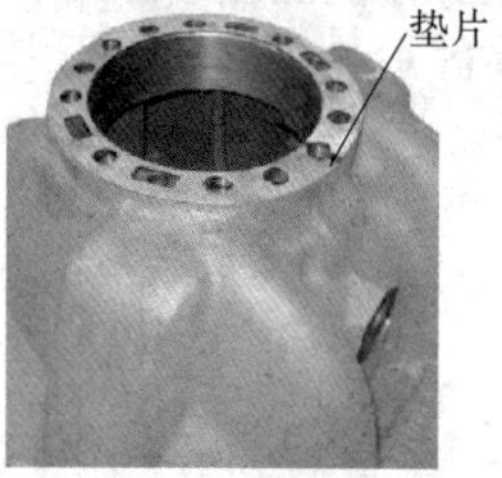 垫片	在托架小端面装上调整垫片，并在调整垫片的上表面涂抹平面硅胶 598H，用于密封	在装配现场根据厚度 δ，选取调整垫片，垫片数不能超过 3 个
装配主动螺旋锥齿轮总成	 主动螺旋锥齿轮总成	将已装配好的主动螺旋锥齿轮总成放在托架小端上	主动螺旋锥齿轮总成要竖直放正，不能歪斜或错位
	 导向销	在主动螺旋锥齿轮总成圆周上对称位置的螺纹孔内装上 2 个导向销。导向销自上而下顺次穿过轴承套、调整垫片，进入托架孔内	保证托架、调整垫片、轴承套的螺纹孔相对位置正确

续表

工艺步骤	操作图示	操作说明	注意事项
装配主动螺旋锥齿轮总成		把主动螺旋锥齿轮总成压装到托架中	—
组装密封盖总成		在密封盖 ϕ100H8 孔内均匀涂抹适量的润滑脂	润滑脂涂抹薄薄一层，不要留下明显痕迹
	骨架油封（单唇） 骨架油封（双唇）	装配前用润滑脂轻擦油封唇部，并在两唇之间填满润滑脂 先将骨架油封（双唇）压入至密封盖中，再压入骨架油封（单唇）	双唇油封应放置平稳，油封唇（弹簧侧）应面向被封液体 油封压装到位，避免油封变形、唇口划伤
	骨架油封	在 2 个骨架油封的工作表面均匀涂抹适量的润滑脂	油封工作表面的所有唇口部位都要涂抹到 不允许有明显的润滑脂堆积现象

续表

工艺步骤	操作图示	操作说明	注意事项
选配法兰组件	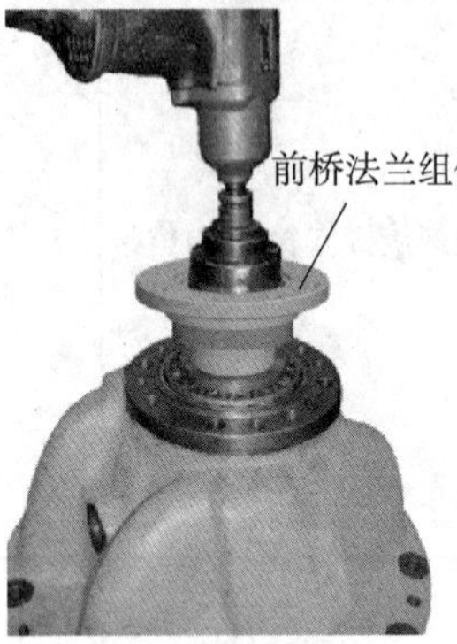 前桥法兰组件	装配前桥法兰组件。拧入前在螺栓的螺纹表面涂抹螺纹胶，然后按照正确顺序和规定的力矩拧紧螺栓	按照交叉对称原则拧紧 拧紧力矩要均匀。规定的拧紧力矩：螺栓M12，80～100 N·m；螺栓M14，120～130 N·m
	 后桥法兰组件	装配前用润滑脂轻擦油封唇部，并在两唇之间填满润滑脂；然后，装配后桥法兰组件	双唇油封放置平稳，油封唇（弹簧侧）应面向被封液体 油封压装到位，避免油封变形、唇口划伤
		用百分表测量 $\phi 80_{-0.104}^{-0.03}$ mm 输入法兰的径向圆跳动量，应小于0.08 mm。检测合格，将法兰和主动螺旋锥齿轮做配对标记；然后，拆下输入法兰组件待装	如果径向圆跳动超差，应把法兰旋转一定角度，然后重新安装并紧固；重新测量，直至符合要求。否则，应更换法兰，重新检测
		按照同样方法检测、选配前桥法兰组件	—
装配密封盖、法兰组件	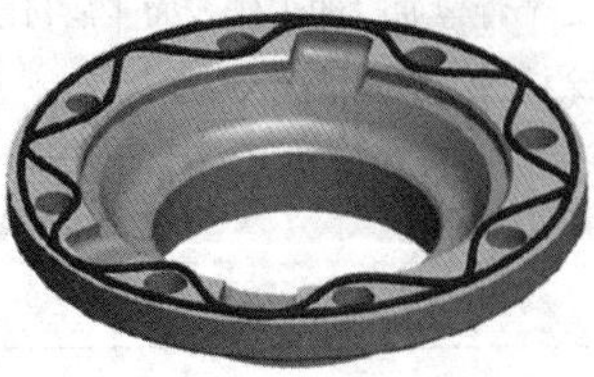	在密封盖总成的大端面上涂抹密封胶	—

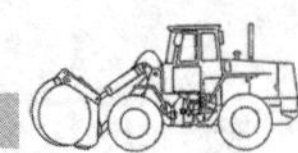

续表

工艺步骤	操作图示	操作说明	注意事项
装配密封盖、法兰组件		装配并紧固密封盖总成。螺栓拧入前，从旋入端第 3 扣开始涂抹螺纹胶 263，一般涂抹 3～5 扣，使胶黏剂填满整个螺纹间隙	螺栓紧固前需手动旋入 3～5 扣，按交叉对称原则紧固 拧紧力矩要均匀。规定力矩如下：螺栓 M12，80～100 N·m；螺栓 M14，120～130 N·m
		按照配对标记的方向正确装配法兰组件	装配法兰组件时注意保护骨架油封，同时防止划伤油封唇口
		在法兰内止口涂抹平面硅胶	胶线应形成连续封闭的曲线
		顺序装上垫圈、锁紧螺母；用专用辅具将主动螺旋锥齿轮固定，保证其不转动；然后给锁紧螺母加力，直至拧紧机绿灯亮，说明拧紧合格	锁紧螺母的紧固力矩为 600～650 N·m

续表

工艺步骤	操作图示	操作说明	注意事项
装配差速器总成		将托架翻转180°，把已经装配完成的差速器总成装配到密封盖总成上	保证前、后桥的主动、从动螺旋锥齿轮装配正确，即前桥装左旋主动螺旋锥齿轮，后桥装右旋主动螺旋锥齿轮
	 右调整螺母  左调整螺母	调整轴承游隙：首先，用手搬动从动螺旋锥齿轮，如果齿轮转动灵活，应松开左调整螺母，预紧右调整螺母，使右边轴承游隙为“0”，消除从动螺旋锥齿轮齿侧间隙 其次，预紧左调整螺母，使左边轴承游隙为“0” 最后，搬动从动螺旋锥齿轮，直到感觉齿轮转动发涩为止	锁紧螺母的紧固力矩为600～650 N·m
		顺序装上垫圈、锁紧螺母，并将锁紧螺母锁紧、加力，方法同前述	

续表

工艺步骤	操作图示	操作说明	注意事项
装配差速器总成	主减速器 轴承座盖	按照配对标识装配主减速器轴承座盖 螺栓拧入前涂抹螺纹胶 263，方法同前述；用螺栓紧固主减速器轴承座盖	主减速器轴承座盖与托架不能混装 拧紧螺栓时不加力
		同步调整左、右调整螺母，使主动、从动螺旋锥齿轮的啮合间隙为 0.20 ~ 0.40 mm。如果啮合间隙超差，需要调整左、右调整螺母 例如，先逆时针旋转左调整螺母 45° ~ 50°，再顺时针旋转右调整螺母	调整时，左、右调整螺母要同步，但是旋转方向相反。如果间隙过大，应“先松左，后紧右”；如果间隙过小，应“先松右，后紧左”
		用百分表测齿侧间隙，并通过调整左、右调整螺母，保证 2 个螺旋锥齿轮之间的啮合间隙为 0.30 ~ 0.40 mm	调整时，左、右调整螺母要同步，但是旋转方向相反。如果间隙过大，应“先松右，后紧左”；如果间隙过小，应“先松左，后紧右”

续表

工艺步骤	操作图示	操作说明	注意事项
装配差速器总成	第一种 外 近 第二种 内 远 第三种 内 远 第四种 外 近 从动锥齿轮齿面接触区 齿轮移动方向	在螺旋锥齿轮的齿面上涂抹红丹粉，转动从动螺旋锥齿轮，观察齿面接触区的印痕，判断啮合位置是否正确。如果出现左图所示的4种啮合印痕，说明啮合位置不正确。 对应上述4种不正确位置，调整方法如下： 第一种：从动锥齿轮移近主动锥齿轮；如果间隙过小，主动锥齿轮向外移 第二种：从动锥齿轮远离主动锥齿轮；如果间隙过大，主动锥齿轮向内移 第三种：主动锥齿轮移近从动锥齿轮；如果间隙过小，从动锥齿轮向外移 第四种：主动锥齿轮远离从动锥齿轮；如果间隙过大，从动锥齿轮向内移	正确的啮合位置主、从动螺旋锥齿轮接触区沿齿长、齿高方向为35%~50%，中间偏小端齿高方向为60%~80%，轮齿凹面和凸面相同
装配主减速器盖		将2个主减速器轴承座盖上的4个螺栓M22加力紧固	螺栓M22的紧固力矩为250~300 N·m
	螺栓 锁紧片	用螺栓M10紧固锁紧片。在拧入之前，螺栓M10的螺纹涂抹紧固胶	螺栓M10的紧固力矩为40~50 N·m
		用低碳钢钢丝锁紧螺栓	钢丝应按照3个螺栓均被拧紧的方式锁紧，如左图所示

续表

工艺步骤	操作图示	操作说明	注意事项
装配止推螺栓	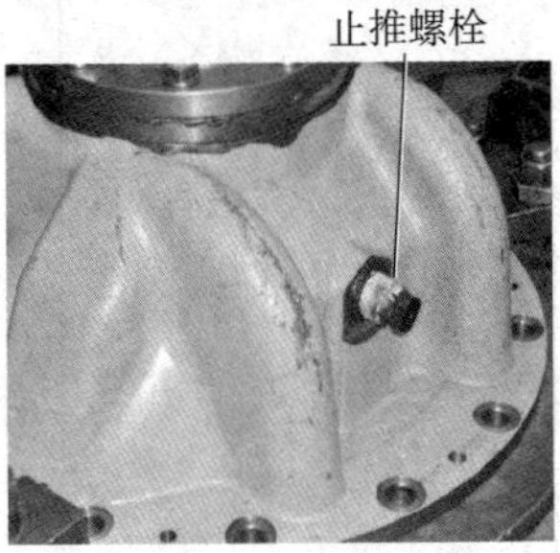 止推螺栓	在拧入前，止推螺栓需要缠上生料带，并涂抹紧固胶；然后，拧入止推螺栓	生料带的缠绕方向与螺栓旋入方向相反 止推螺栓拧到与从动螺旋锥齿轮背面相接触后，倒转 1/4 圈
	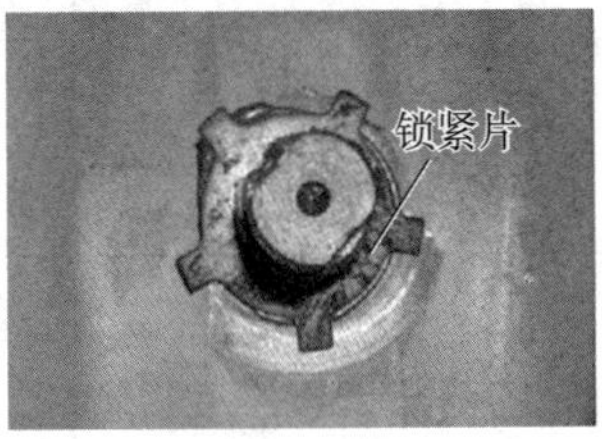 锁紧片	在止推螺栓端部装配锁紧片	锁紧片内圈齿应嵌入螺栓铣削槽内
	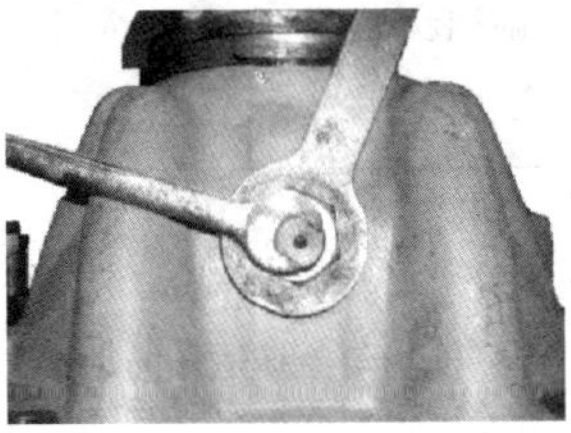	装配螺母 M27 mm×2 mm，并拧紧	拧紧力矩参考标准力矩
装配完成	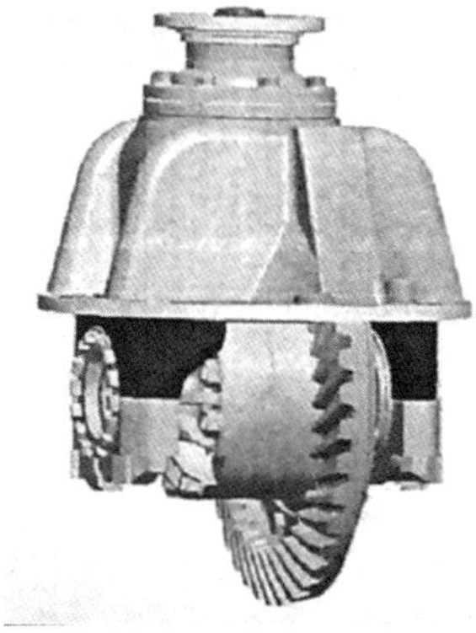	主减速器总成完成装配	—

2. 驱动桥总成装配

驱动桥总成装配见表 2—2—14。

表 2—2—14 驱动桥总成装配

工艺步骤	操作图示	操作说明	注意事项
装配桥壳		把桥壳总成吊装到装配线的支持台架上，放置稳定	起吊平稳，起吊过程中不得磕碰 桥壳放置在支持台架上，桥包口应朝下
	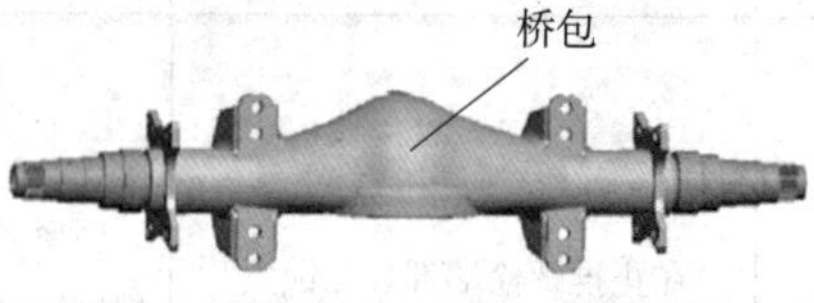 桥包	用内六角扳手将 2 套螺塞组件装配到桥包上	—
	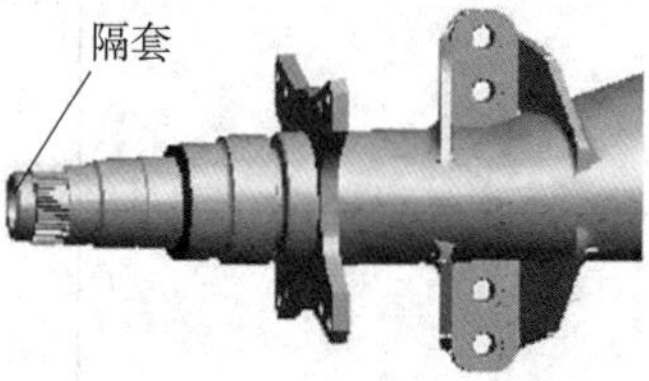 隔套	将隔套装配到桥壳端部 ϕ120 g 6 外圆上。桥壳两端各装配一个	隔套斜面向内装配
	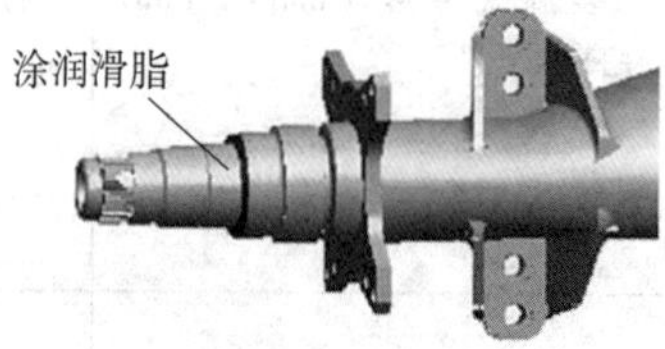 涂润滑脂	轮边支承轴 ϕ150 h 7 外圆表面均匀涂抹适量的钙基润滑脂	—
装配轮毂总成		平稳地将轮毂总成吊装至桥壳的相应部位	吊装过程中要保持轮毂总成平衡
		在桥壳两端各装配一个轮毂总成	装配过程中避免防护油封受到磕碰或被划伤

续表

工艺步骤	操作图示	操作说明	注意事项
装配轮毂总成		用轴承装配辅具将轴承内圈装配到位	—
		将轴承内圈加热后立即装配到位。在桥壳两端各装配一个 装配后用手转动轮毂，应转动自如	轴承的加热温度为 90 ~ 100℃，一次可加热 1 ~ 3 件 加热后立即装配
		将内齿圈平稳地装入	装配时花键配合间隙应合适；不能强行装配
	 	装配圆螺母；调整圆螺母，即回退圆螺母，在回退过程中用手正、反向转动轮毂各 3 ~ 5 圈，使圆螺母上的 ϕ10.5 mm 孔与内齿圈上 M10 螺纹孔对正，使螺栓拉力符合技术要求 然后紧固螺母，使轮毂转动灵活，无卡滞现象	用测力计沿切线方向拉动，测量轮辋螺栓处的拉力，应为 115 ~ 145 N

续表

工艺步骤	操作图示	操作说明	注意事项
装配轮毂总成	 测力计		
		拧入前，螺钉的螺纹表面涂抹螺纹胶 263（方法同前述）；然后，装配螺钉	螺钉拧紧力矩为 40 ~ 50 N · m
	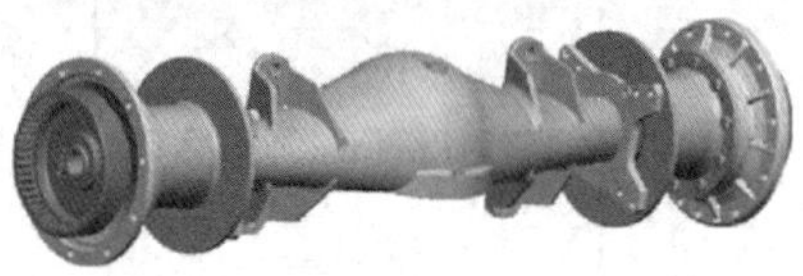	轮毂装配完毕	—
装配行星架总成	 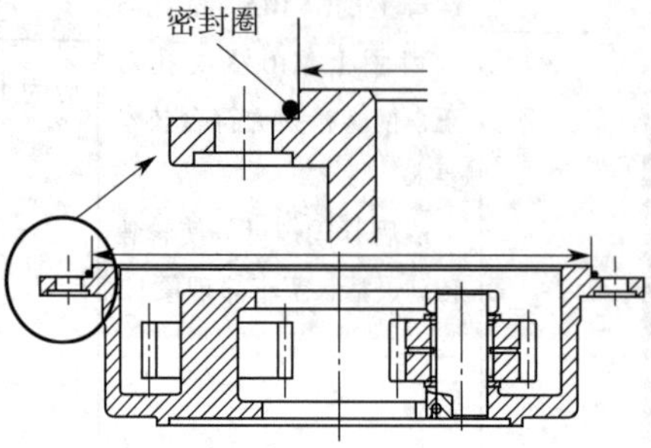 密封圈	驱动桥总成两端各装配 1 个密封圈	装配之前，检查、确认密封圈无划伤等缺陷，并在密封圈上涂上黄油 装配时，避免划伤密封圈

续表

工艺步骤	操作图示	操作说明	注意事项
装配行星架总成	轮架总成	平稳起吊轮架，分别在驱动桥总成两端各装入 1 个轮架总成	内齿圈花键与桥壳配合间隙不能过紧或过松（根据装配时的松紧程度进行判断）
		拧入前，螺栓的螺纹表面涂抹螺纹胶；按顺序拧紧螺栓 M22；拧紧后，用手转动，应转动自如	要按照对称原则拧紧螺栓
		行星架总成装配完毕	—
装配制动器总成	制动器总成	装配前，清理及确认制动支架上无焊接飞溅物等；平稳起吊制动器总成 在驱动桥两端的制动支架上各装配 1 个制动器总成	制动器起吊过程中不得磕碰工件 装配制动器总成时 2 个螺纹孔与制动支架螺纹孔位置要对应

续表

工艺步骤	操作图示	操作说明	注意事项
装配制动器总成	 此孔暂不装配螺栓	装配前，螺栓 M20 的螺纹表面涂抹螺纹胶 263(方法同前述） 在驱动桥两端各装配螺栓与垫圈组件 3 组，并用油压脉冲工具紧固 装配制动器总成后，用旋具拨动摩擦片，摩擦片应能在 2 个销轴间自由平移，无卡死现象，且轮边能自由转动	螺栓 M20 的紧固力矩为 370～470 N·m;按交叉对称原则拧紧 制动器总成两边间隙应均匀（左右相差不能超过 1 mm）
		用翻转吊具把桥总成翻转 180°，使桥包口向上，平稳放置	翻转过程中防止磕碰工件
装配主减速器总成		清理桥包口端面	桥包口端面不能有污物，无磕碰，孔口无毛刺
	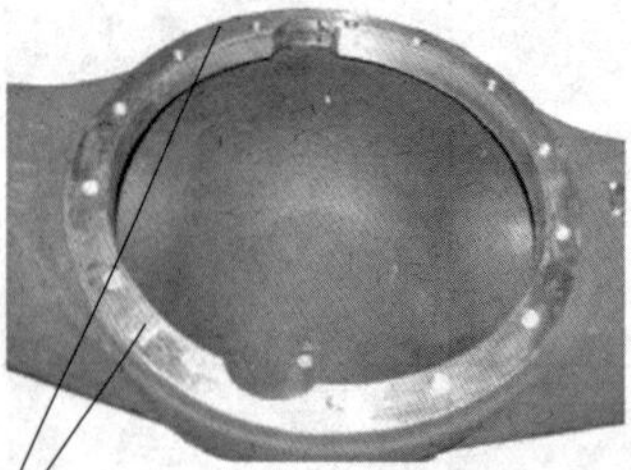 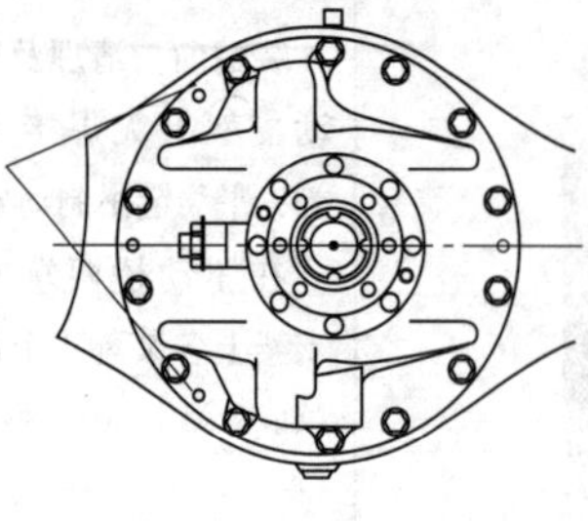 装配2个定位销 D10×30	装配销 D10×30	装配时，销应放正，不可倾斜，严禁强行装配

续表

工艺步骤	操作图示	操作说明	注意事项
		按照左图所示在桥包口端面上均匀、连续地涂胶	—
装配主减速器总成	主减速器总成	平稳起吊主减速器总成，将其装配到桥壳总成上	前、后主减速器定位孔要对正 托架起吊的落点，要保证托架上销孔与桥壳上定位销对齐；销子用铜棒轻轻敲入，严禁强行砸入
		装配螺栓与垫圈组件，并用拧紧机紧固	螺栓紧固力矩为 150 ~ 250 N · m；紧固时要按照对角原则逐次加力，力矩均匀

续表

工艺步骤	操作图示	操作说明	注意事项
装配半轴、轮边盖		任选一种顶销，用铜棒进行装配	—
	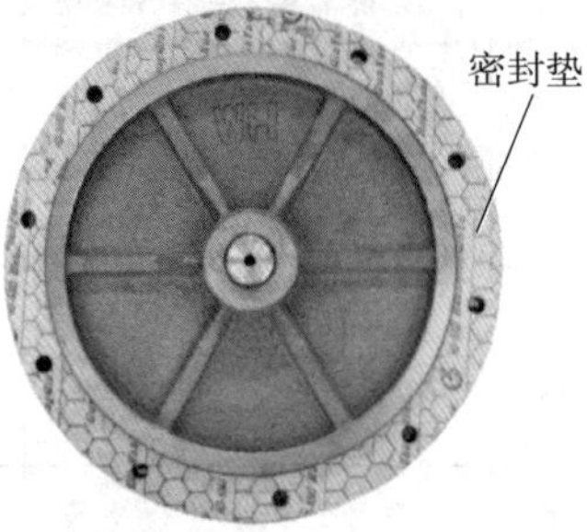	端盖配合装配密封垫	装配前确认密封垫无折痕、断裂
	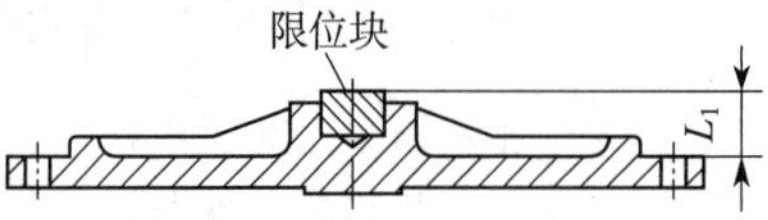	测量尺寸 L_1：在限位块上表面均匀取三点测量，取平均值作为 L_1，标记在端盖表面	—
	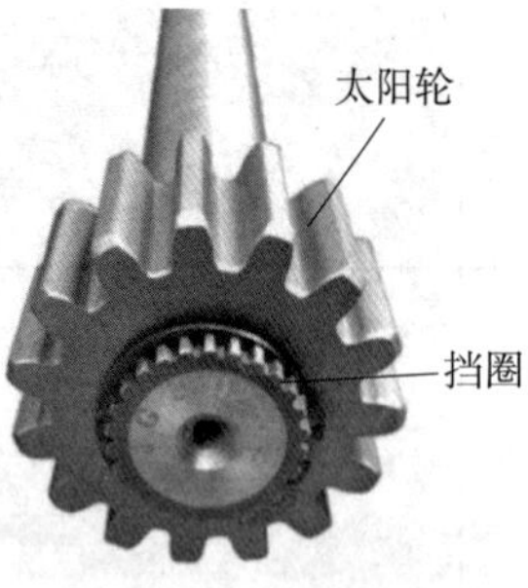	在半轴上装配太阳轮、挡圈	半轴花键与太阳轮花键槽的间隙要适当 挡圈应完全卡入槽内，装配到位
		装配半轴总成，调整半轴，使半轴花键平稳装配到半轴齿轮花键槽中 装配后用手转动轮毂，应转动平稳，无卡滞现象	半轴花键与半轴齿轮花键槽的间隙要适当

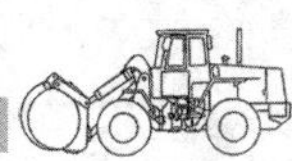

续表

工艺步骤	操作图示	操作说明	注意事项
装配半轴、轮边盖	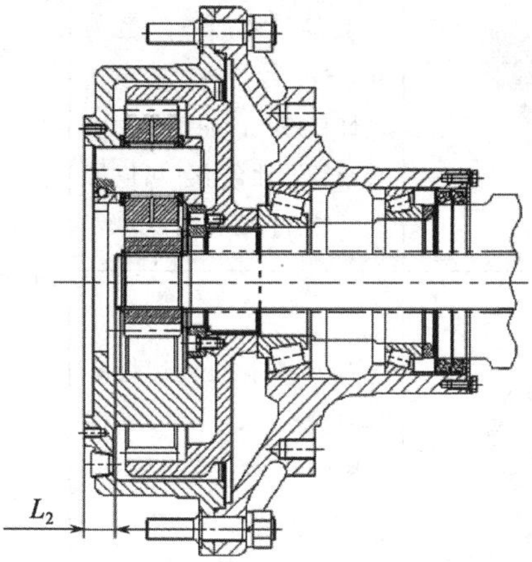 L_2	选配与半轴配对的轮边盖总成，测量图示尺寸 L_2，计算半轴端部和顶销之间间隙 δ： $\delta=L_2-L_1+a=1\sim2$ mm a—密封垫的压荷厚度，按 0.8 mm 计算	—
		装配前，螺栓的螺纹表面涂抹螺纹胶 263（方法同前述） 按照左图所示装配轮边盖总成	螺栓紧固前需手动旋入 3～5 扣；按交叉对称原则拧紧；拧紧力矩为 45～60 N・m
气密性检测	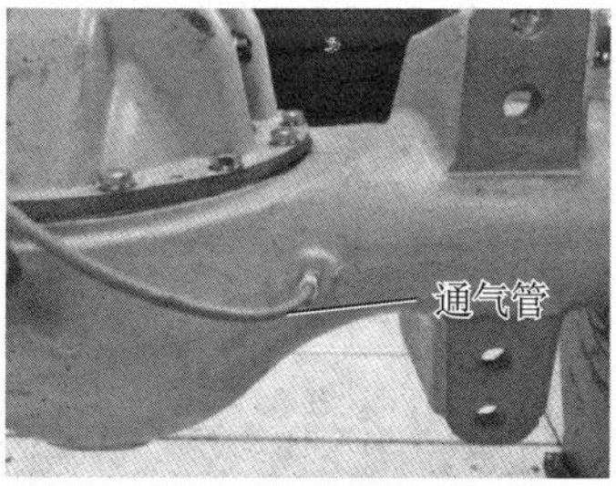 通气管	把检测装置的通气管与驱动桥总成透气孔连接	接头连接要可靠，不能漏气
	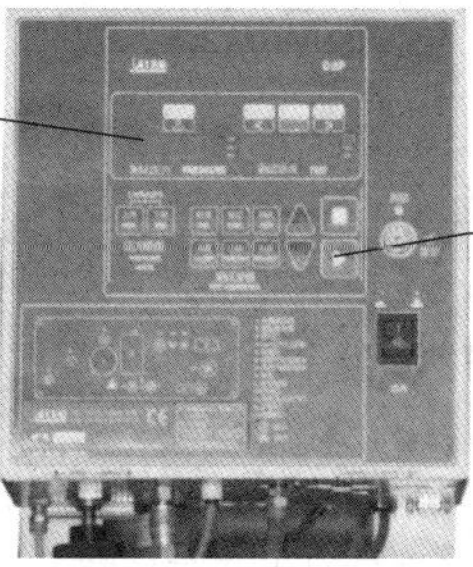 示数 启动按钮	用仪器检测驱动桥的气密性，按启动按钮给驱动桥总成加压至 0.15 MPa，保压 3 min。观察面板示数和指示灯显示	—

续表

工艺步骤	操作图示	操作说明	注意事项
气密性检测		如果仪器面板示数为50～51，绿灯亮，表示气密性良好，说明该驱动桥总成气密性合格。可以吊装到磨合台进行磨合试验	吊装过程应平稳，过程中不能磕碰工件
		如果仪器面板红灯亮（即报警），要进行水密性试验	
水密性试验	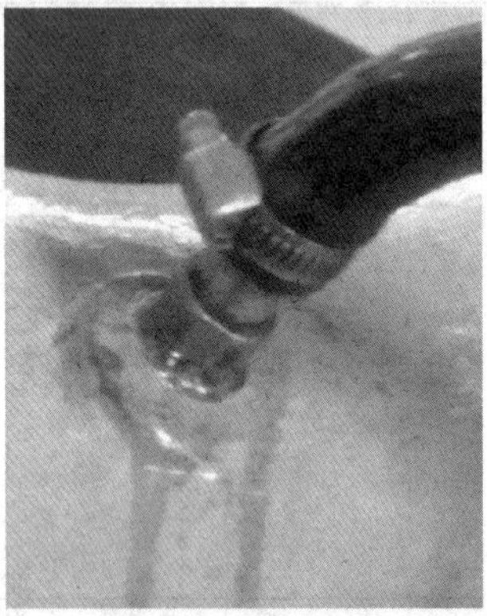	将充气管连接到气密性不合格的驱动桥总成的通气孔上	充气管连接紧密
		将驱动桥总成吊装入水槽中。打开气阀，调整气压到0.15 MPa，并观察水面。如果有连续气泡冒出，说明驱动桥总成漏气。找出漏气部位，并做好标记	确保驱动桥总成完全淹没在水中 待水槽内水面平稳后再观察水面
		把漏气的桥总成吊装到工位进行返修。返修后，重新进行水密性试验，直至不漏气为止。再转到磨合台，进行磨合试验	—

续表

工艺步骤	操作图示	操作说明	注意事项
磨合试验		驱动桥总成平稳放置在磨合试验台上，用压紧装置压紧。连接驱动桥法兰与万向节，分别给桥两端和桥包中加油。轮边加油 40 s，油量为 3 L；中间桥包口加油 100 s，油量为 10 L	法兰与万向节连接螺栓必须紧固牢靠 在冬季，应先将油箱中的齿轮油加热，再加油
		驱动桥总成磨合试验：分别以 800 r/min、1 400 r/min 的转速磨合，反转速度取 1 400 r/min；在各个挡位磨合 3 min 合格的驱动桥应运转正常、稳定，无异响；温升正常；各接合面、接头处密封良好，无渗漏；磨合后的齿轮油清洁，无明显杂物	—
		磨合试验合格后，在驱动桥总成上装配透气塞；用专用工具把锁紧螺母嵌入主动锥齿轮轴的键槽内；把止推螺栓上的锁紧片锁紧 如果磨合试验不合格，驱动桥总成应回返修区返修	装配透气塞的螺纹表面要涂抹螺纹胶

五、复习思考题

1. 填空题

（1）驱动桥是位于__________，能改变来自变速器的__________和__________，并将它们传递给__________的__________机构。

（2）__________可以使两侧车轮不等速旋转，以适应转向和在不同路面上行驶。

（3）轮边减速器是为了获得更大的__________和__________，以提高__________和动力性。

（4）驱动桥分__________式驱动桥与__________式驱动桥两大类。

（5）主减速器按齿轮副数目可以分为__________和__________两种。

（6）轮式装载机驱动桥分为前桥和后桥，其区别在于主减速器中的__________不同。

2. 选择题

（1）能起到降低转速、增加转矩、改变转矩传递方向作用的是（　　）。

A. 半轴　　B. 轮边减速器　　C. 主减速器　　D. 桥壳

（2）下列不属于驱动桥组成的是（　　）。

A. 半轴　　B. 变矩器　　C. 主减速器　　D. 桥壳

（3）下列不属于按齿轮副结构形式分类的主减速器类型是（　　）。

A. 圆柱齿轮式　　B. 锥齿轮式　　C. 准双曲面齿轮式　　D. 单速式

（4）下列说法错误的是（　　）。

A. 当驱动桥左、右轮存在转速差时，左、右半轴的转矩分配不均匀

B. 当驱动桥左、右轮存在转速差时，分给转速慢的半轴的转矩大些

C. 作用在两个半轴上的转矩之和等于作用在差速器上的转矩

D. 差速器“差速又差力”

3. 简答题

（1）简述轮式装载机的传动系统组成，并指出驱动桥在传动系统中的位置。

（2）驱动桥的功能是什么？

（3）简述驱动桥的分类，并说出轮式装载机驱动桥属于哪种类型。

（4）简述驱动桥的组成。

（5）简述驱动桥主减速器、差速器、轮边减速器的作用。

（6）驱动桥总成的性能检测试验有哪些？

模块三 工程机械变速箱类零部件装配与检测

变速箱在工程机械中应用较广泛。它的作用是：一是改变传动比；二是在发动机旋转方向不变的情况下，使车辆能够倒退行驶；三是利用空挡，中断动力传递，使发动机能够启动、怠速，并便于换挡或进行动力输出。本模块以混凝土泵车分动箱、重型卡车变速器及装载机变矩器一变速箱为例，主要介绍这三种变速箱的结构组成及其工作原理、装配技术要求与检测方法，使学员能够熟练掌握变速箱类零部件的装配技能。

课题 1　混凝土泵车分动箱装配

学习目标

1. 了解分动箱的概念与作用、分类、结构与工作原理。
2. 熟悉分动箱的装配技术要求。
3. 掌握分动箱的装配技能。

一、分动箱概述

混凝土泵车由于泵送和臂架系统等采用的是底盘动力驱动，在其作业时必须切断行驶动力保证作业安全，因此混凝土泵车普遍采用分动箱及其控制部分来完成工作状态的转换。

分动箱通过传动轴与底盘变速箱相连，从发动机传来的动力进入分动箱。当混凝土泵车处于行驶状态时，分动箱的与后桥传动轴相连的输出轴运转，输出驱动行驶动力；当混凝土泵车处于作业状态时，分动箱的与液压泵相连的输出轴运转，驱动液压系统工作。混凝土泵车分动箱的连接如图 3—1—1 所示。

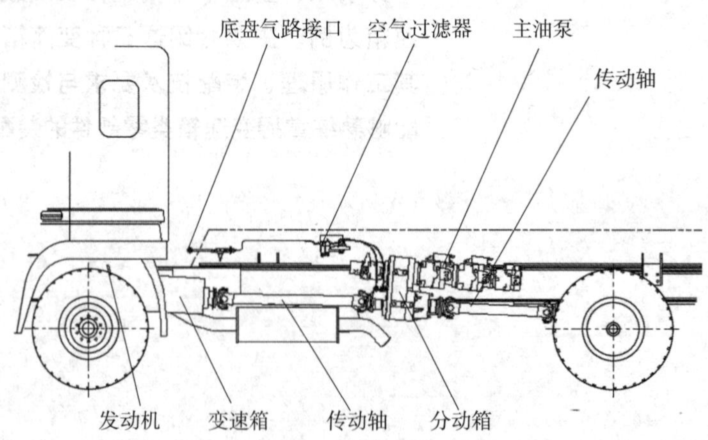

图 3—1—1　混凝土泵车分动箱的连接示意图

分动箱工作状态切换时，底盘变速箱必须处于空挡位置，一般采用电气控制实现空挡保护，保证切换时的分动箱安全。当分动箱切换到作业状态时，分动箱上的取力转换开关保证切换动作到位后才能实现泵送作业。泵车作业状态时底盘变速箱必须处于直接

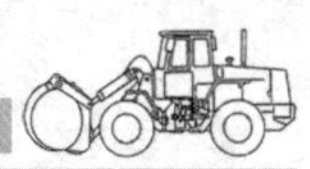

挡上，保证液压油泵的转速与发动机转速一致。当实现泵送作业时，发动机的转速一般要求稳定在燃油经济区。

1. 概念与作用

分动箱是将发动机的动力进行分配的装置，可以将动力输出到后轴，或者同时输出到前、后轴。分动箱的作用是承接动力的输入和输出，分配力矩。它可以将动力分配给驱动轮，以驱动车辆行驶；还可以分配给工作装置，使其完成作业。

2. 分类

按用途分类，分动箱可以分为汽车四驱分动箱和工程机械分动箱。汽车四驱分动箱将发动机动力分配给4个轮子供汽车行驶。工程机械分动箱不仅向车轮提供行驶动力，还向工作装置提供作业所需动力。根据分动箱应用的车辆分类，工程机械分动箱分为泵车分动箱、摊铺机分动箱，如图3—1—2所示。

a）

b）

图3—1—2　工程机械分动箱的种类

a）泵车分动箱　b）摊铺机分动箱

3. 结构与工作原理

分动箱结构组成如图3—1—3所示。分动箱气缸15活塞的动作改变分动箱传动的路线，使混凝土泵车在行驶、泵送状态之间转换。

（1）行驶状态

发动机的旋转力矩通过传动轴传递到分动箱的输入端，此时离合套19将输入轴12和输出轴20连通，直接将发动机的转矩传递到后桥，使混凝土泵车处于行驶状态。

（2）泵送状态

当翘板开关扳到泵送位置时，气缸15内的活塞带动拨叉杆16动作，带动拨叉18右移，离合套 19 在拨叉 18 的作用下也右移，将输入轴 12 和空套齿轮 9 连通。同时，空套齿轮 9 带动二轴齿轮 6 转动，二轴齿轮 6 带动三轴齿轮 4 转动，三轴齿轮 4 通过花键带动三轴 2 转动，三轴 2 的右端直接带动臂架泵工作的同时，其左端带动主油泵 1 工作，使混凝土泵车处于泵送状态。

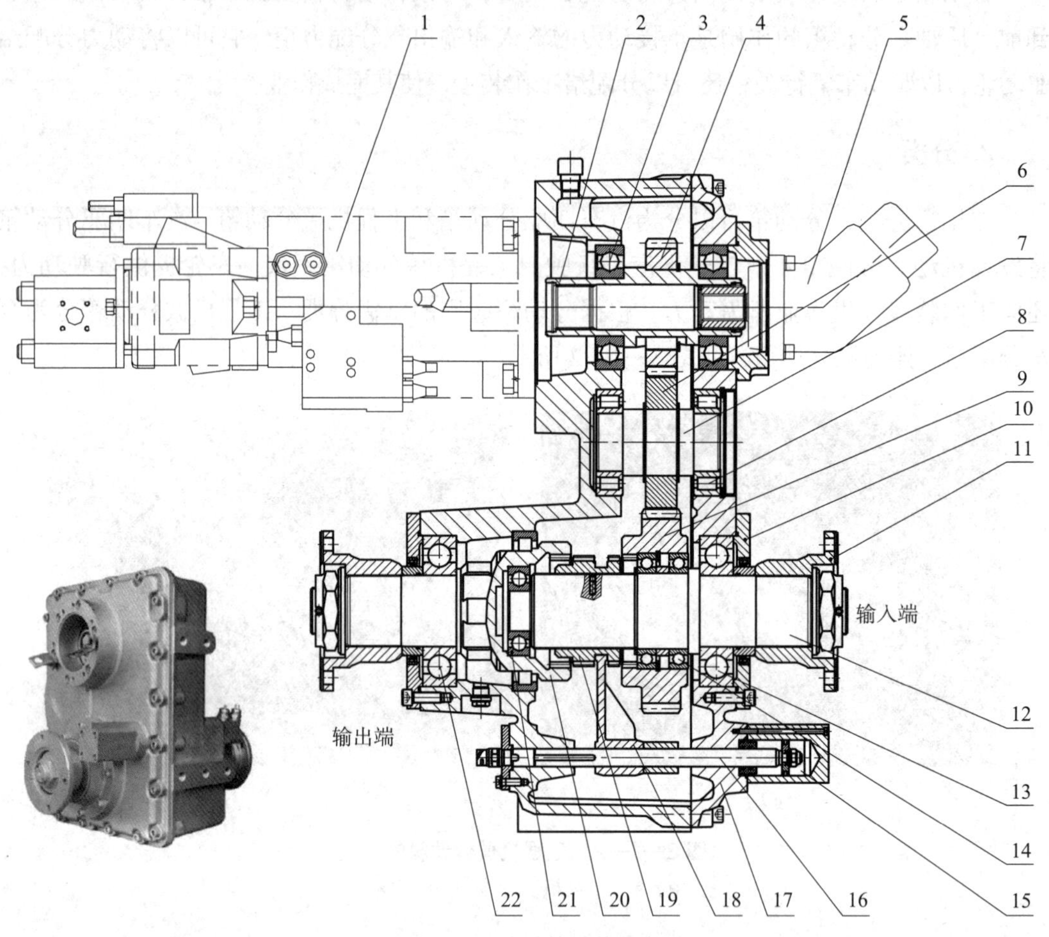

图 3—1—3　分动箱结构示意图

1—主油泵　2—三轴　3—三轴轴承　4—三轴齿轮　5—臂架泵　6—二轴齿轮　7—二轴　8—二轴轴承　9—空套齿轮　10—轴承盖　11—连接盘　12—输入轴　13、21—输入轴轴承　14—空套齿轮轴承　15—气缸　16—拨叉杆　17—箱体　18—拨叉　19—离合套　20—输出轴　22—输出轴轴承

二、分动箱装配技术要求

1. 轴承应装配到位，装配后应转动自如。轴承应与轴的定位部位贴紧，齿轮和轴承之间应无间隙。

2. 拨叉在拨叉杆上处于固定状态，不得有松动或转动现象。
3. 拨叉杆在箱体孔中能上下移动，不得有阻滞现象。
4. 离合套在输出轴离合器凹齿中能上下移动，分合自如，不得有阻滞现象。

三、装配前的准备工作

以 HB37A 型混凝土泵车 STIEBE 4496 分动箱装配为例介绍。

1. 三轴总成装配的准备清单（表 3—1—1）

表 3—1—1　　三轴总成装配的准备清单

装配内容	零件名称	数量	设备、工具、辅具（料）
加热轴承	轴承 6309	2	轴承感应加热器
三轴上装配轴承	三轴	1	铜棒、轴承装配专用工具
三轴上装配三轴齿轮	三轴圆柱齿轮	1	铜棒、装配常用工具

2. 二轴总成装配的准备清单（表 3—1—2）

表 3—1—2　　二轴总成装配的准备清单

装配内容	零件名称	数量	设备、工具、辅具（料）
加热轴承	轴承 NJ209	2	轴承感应加热器
二轴上装配轴承	二轴	1	铜棒、轴承装配专用工具
二轴上装配二轴齿轮	二轴圆柱齿轮	1	铜棒、装配常用工具

3. 输入轴总成装配的准备清单（表 3—1—3）

表 3—1—3　　输入轴总成装配的准备清单

<table>
<tr><th>装配内容</th><th>名称</th><th>数量</th><th>设备、工具、辅具（料）</th></tr>
<tr><td>加热轴承</td><td>轴承 6311（1 个）、轴承 6012（2 个）、轴承 6306（1 个）</td><td>3</td><td>轴承感应加热器</td></tr>
<tr><td>空套齿轮、输出轴上装配轴承</td><td>空套齿轮、输出轴</td><td>1</td><td rowspan="2">铜棒、装配常用工具</td></tr>
<tr><td>输入轴上装配轴承</td><td>输入轴</td><td>1</td></tr>
</table>

4. 输出轴总成装配的准备清单（表 3—1—4）

表 3—1—4　　输出轴总成装配的准备清单

装配内容	名称	数量	设备、工具、辅具（料）
加热轴承	轴承 6311	1	轴承感应加热器
输出轴上装配轴承	输出轴	1	铜棒、装配常用工具
输出轴上装配输出轴连接盘	输出轴连接盘	1	

5. 拨叉总成装配的准备清单（表 3—1—5）

表 3—1—5　　拨叉总成装配的准备清单

装配内容	名称	数量	设备、工具、辅具（料）
离合套上装配拨叉	拨叉	1	铜棒、装配常用工具
拨叉杆上装配拨叉	拨叉杆	1	
拨叉杆装配入气缸	气缸	1	

四、技能训练

分动箱的装配包括三轴总成装配，二轴总成装配，输出轴总成装配，拨叉总成装配，输入轴总成装配，端盖及输入、输出连接盘装配。

1. 三轴总成装配（表 3—1—6）

表 3—1—6　　三轴总成装配

工艺步骤	操作图示	操作说明	注意事项
装配三轴轴承和三轴齿轮		将轴承穿入轴承感应加热器的旋转梁上加热 将加热的轴承立即装配在三轴上，再装配三轴齿轮	轴承与齿轮端面紧贴，轴承转动自如

续表

工艺步骤	操作图示	操作说明	注意事项
装配三轴总成		将三轴的另一个轴承装配到箱体上；然后，将装配好的三轴总成（三轴、三轴齿轮和轴承）一起装在箱体的轴承上	轴承应与轴的定位部位贴紧，转动自如 齿轮和轴承应无间隙

2. 二轴总成装配（表3—1—7）

表3—1—7　　二轴总成装配

工艺步骤	操作图示	操作说明	注意事项
装配二轴轴承		将二轴轴承的外圈及滚动体装配在箱体上	轴承的端面和箱体的底面贴紧
装配二轴齿轮		将二轴齿轮装配在二轴上，然后用卡簧在齿轮两侧固定	卡簧要装在轴上的槽中
将二轴及齿轮装在箱体的轴承上		将二轴轴承的内圈装在二轴上，然后一起装在箱体的轴承上	二轴齿轮要和三轴齿轮处于啮合状态，并转动自如

3. 输出轴总成装配（表 3—1—8）

表 3—1—8　　输出轴总成装配

工艺步骤	操作图示	操作说明	注意事项
装配输出轴轴承		将输出轴轴承装配在输出轴上	轴承的端面和输出轴轴肩贴紧
装配输出轴总成		将输出轴总成装在箱体上，用铜棒敲击轴承，使其上端面与箱体平齐	—

4. 拨叉总成装配（表 3—1—9）

表 3—1—9　　拨叉总成装配

工艺步骤	操作图示	操作说明	注意事项
装配拨叉与拨叉杆		将拨叉装配在拨叉杆上，并用弹性销固定住拨叉	拨叉在拨叉杆上处于固定状态，不得有松动或转动的现象
装配离合套与拨叉	离合套上的槽	将离合套上的槽安装在拨叉的内凹圆弧上	拨叉和离合套保持合适的间隙，不能过大

续表

工艺步骤	操作图示	操作说明	注意事项
箱体孔中装配拨叉杆		将拨叉和离合套一起装入，拨叉杆插进箱体的孔中	拨叉杆在箱体的孔中能上下移动，无阻滞现象
装配离合套与输出轴离合器		将拨叉和离合套一起装入，离合套装进输出轴离合器凹齿中	离合套在输出轴离合器凹齿中能上下移动，分合自如，无阻滞现象

5. 输入轴总成装配（表3—1—10）

表3—1—10　　输入轴总成装配

工艺步骤	操作图示	操作说明	注意事项
装配输入轴轴承、输入轴齿轮	 	将输入轴轴承装配在输入轴上，然后再将输入轴齿轮装到输入轴轴承上	输入轴轴承转动自如 装配输入轴齿轮时，要将带凹齿的方向对准不带螺纹处
装配输入轴及齿轮		将输入轴及齿轮一起装配到箱体的输入轴轴承上	输入轴的齿轮凹齿方向应对着离合套

6. 端盖及输入、输出连接盘装配（表 3—1—11）

表 3—1—11　　端盖及输入、输出连接盘装配

工艺步骤	操作图示	操作说明	注意事项
装配端盖		将端盖装配在箱体配合面上	端盖与箱体的配合面应接触紧密
装配气缸		将气缸装配入箱体	气缸和箱体接触紧密，无间隙
装配密封堵头		将密封堵头平整地装配入箱体	密封件放置平整，无间隙
装配三轴轴承挡圈	 	将三轴轴承挡圈放在箱体上 用 6 个内六方螺栓均匀固定挡圈	挡圈与轴承紧贴

续表

工艺步骤	操作图示	操作说明	注意事项
装配输入轴轴承端盖	 	将输入轴轴承端盖放在箱体上 用6个内六方螺栓均匀固定端盖	输入轴轴承端盖与轴承紧贴
装配输入轴连接盘	 	将输入轴连接盘装在输入轴上 用螺母旋紧，用开口销固定	输入轴连接盘和输入轴配合要顺畅，不能过紧或过松，连接盘应转动自如
装配输出轴轴承端盖	 	将输出轴轴承端盖放在箱体上，用6个内六方螺栓均匀固定	输出轴轴承端盖与轴承紧贴

续表

工艺步骤	操作图示	操作说明	注意事项
装输出轴连接盘		将输出轴连接盘装在输出轴上，连接盘应转动自如	输出轴连接盘和输出轴配合不能过紧或过松
		用螺母锁紧，用开口销固定	—
装轴端堵头	 	将轴端堵头装在箱体上，用2个内六方螺钉固定	轴端堵头紧贴箱体和轴端部，不能有间隙

五、复习思考题

1. 填空题

（1）分动箱的作用是__________后分配给驱动轮供车辆__________，还能分配给其他工作装置进行作业操作。

（2）分动箱的类型有__________和__________。

2. 简答题

（1）简述混凝土泵车分动箱的传动原理。

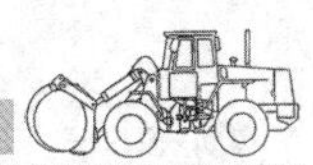

（2）简述混凝土泵车分动箱的主要结构。

*课题 2　重型卡车变速器装配

学习目标

1. 了解变速器的概念、功用、分类及应用。
2. 熟悉重型卡车变速器的型号、结构与工作原理。
3. 熟悉重型卡车变速器的装配技术要求。
4. 掌握重型卡车变速器的装配技能。

一、重型卡车变速器的概述

车辆实际行驶时要适应不同的速度和路面情况等，这就要求车辆的驱动力和车速能在相当大的范围内变化。但是，目前广泛采用的活塞式发动机的输出转矩和转速变化范围较小。因此，必须采取措施改变发动机的输出转矩、转速特性，使发动机的输出转矩增大、转速下降。车辆底盘的传动系统设置了变速器，以提供变化范围更大的驱动力和转速。变速器的位置如图 3—2—1 所示。

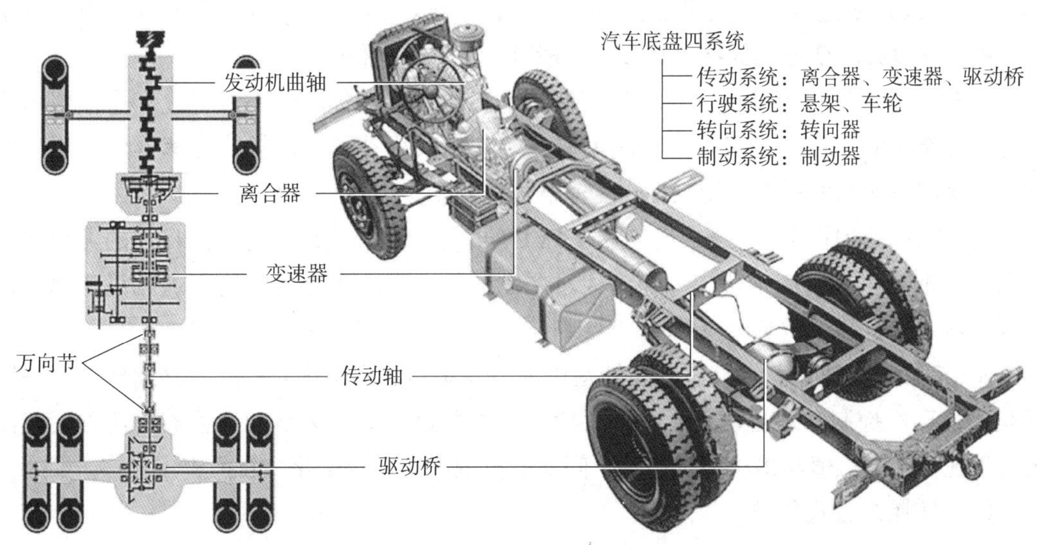

图 3—2—1　车辆底盘传动系统中变速器的位置

变速器（又称为变速箱）是用来改变来自发动机的转速和转矩的机构，它能固定或分挡改变输出轴和输入轴的传动比。变速器由变速传动机构和操纵机构组成，有些车辆还有动力输出机构。

1. 车辆变速器的功用

（1）实现变速、变矩

改变传动比，扩大驱动轮转矩和转速的变化范围，以适应经常变化的行驶条件（如起步、怠速停车、低速或高速行驶、行驶加速、行驶减速、爬坡和倒车等)，同时使发动机在有利（速度较高而油耗较低）的工况下工作。一般把这个功用概括为降速、增矩。

（2）实现倒车

以面向飞轮为基准，发动机的旋转方向为逆时针方向，且不能改变。在发动机旋转方向不变的情况下，为了使车辆能倒退行驶，变速器中设置了倒挡。

（3）实现中断动力传递

利用空挡，中断动力传递，以使发动机能够启动、怠速，并便于变速器换挡或进行动力输出。

2. 车辆变速器的分类及应用

现代工程运输车辆的变速器一般可以按照传动比的变化方式和操纵方式进行分类。

（1）按传动比的变化方式分类

按传动比的变化方式分类，变速器可分为有级式、无级式和综合式 3 种。

1）有级式变速器。有级式变速器采用齿轮传动，具有若干个定值传动比。重型卡车行驶的路况复杂，变速器的挡位较多，一般有 8 ~ 20 个挡位。

齿轮式变速器具有结构简单、易于制造、工作可靠、传动效率高等优点。按照结构划分，有级齿轮式变速器又可以分为两轴式、三轴式变速器。两轴式变速器广泛用于发动机前置前轮驱动的轿车，而三轴式变速器可应用于其他各类型车辆。

2）无级式变速器。无级式变速器（CVT）的传动比是连续变化的。目前的无级式变速器一般都是采用金属带传递动力，通过主动、从动带轮直径的变化实现无级变速。这种变速器在中、高级轿车上应用较广泛。

3）综合式变速器。综合式变速器是由液力变矩器和有级齿轮式变速器组成的，一般都是由计算机控制系统自动实现换挡，所以这种变速器又称为自动变速器。这种变速器的传动比可在最大值与最小值之间几个间断的范围内做无级变化，目前应用较多。

（2）按操纵方式分类

按操纵方式分类，变速器可分为手动变速器、自动变速器和手动自动一体变速器

（简称手自一体变速器）3 种。

1）手动变速器。手动变速器（MT）通过驾驶人员手动操纵变速杆来选定挡位，并直接操纵变速器的换挡机构进行挡位变换。有级齿轮式变速器大多数采用这种换挡方式。

2）自动变速器。自动变速器（AT）的自动控制系统根据发动机的负荷和车速的变化情况自动地选定挡位，并进行挡位变换，即自动地改变传动比。驾驶人员只需要操纵加速踏板控制车速即可。

3）手动自动一体变速器。这种变速器可以自动换挡，也可以手动换挡。

3. 重卡变速器的型号、结构与工作原理

（1）变速器型号

重卡变速器应用较广的是法士特系列变速器、富勒系列变速器。它们有各自的型号命名规则。

1）法士特系列变速器的型号。法士特系列变速器在重卡应用中占据主流地位。法士特变速器的型号含义如图 3—2—2a 所示。国内其他变速器生产厂家也采用相似的型号命名规则。

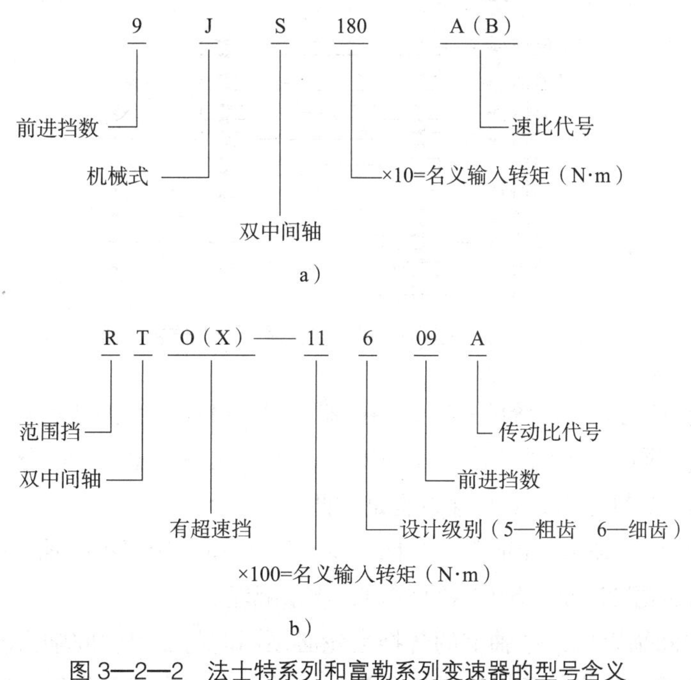

图 3—2—2　法士特系列和富勒系列变速器的型号含义
a）法士特系列　b）富勒系列

2）富勒系列变速器的型号。20 世纪 80 年代从伊顿引进的富勒系列变速器采用了伊

顿的型号命名规则，如图 3—2—2b 所示，常见的 RT—11509C 型号含义为：R 表示范围挡；T 表示双中间轴；11 表示输入转矩为 1100 N·m；5 是设计级别；09 表示前进挡数为 9 挡；C 为传动比代号。

（2）重卡变速器的结构与工作原理

下面以法士特 9JS180 系列变速器为例进行介绍。

1）动力传递。9JS180 系列变速器采用双中间轴，全同步器，主、副变速器的结构。它由 1 个前置六挡主变速器和 1 个两挡的副变速器组成。动力从一轴输入后，分流到 2 根中间轴上，再由中间轴齿轮到二轴齿轮；当移动同步器滑套，使滑套的结合齿（内花键）与和二轴齿轮内齿相连的同步锥环结合齿（外花键）结合时，二轴就与二轴齿轮成为一体，并按一定的传动比转动及传递动力；动力最终从二轴上的法兰盘输出。9JS180 系列变速器的动力传递路线如图 3—2—3 所示。

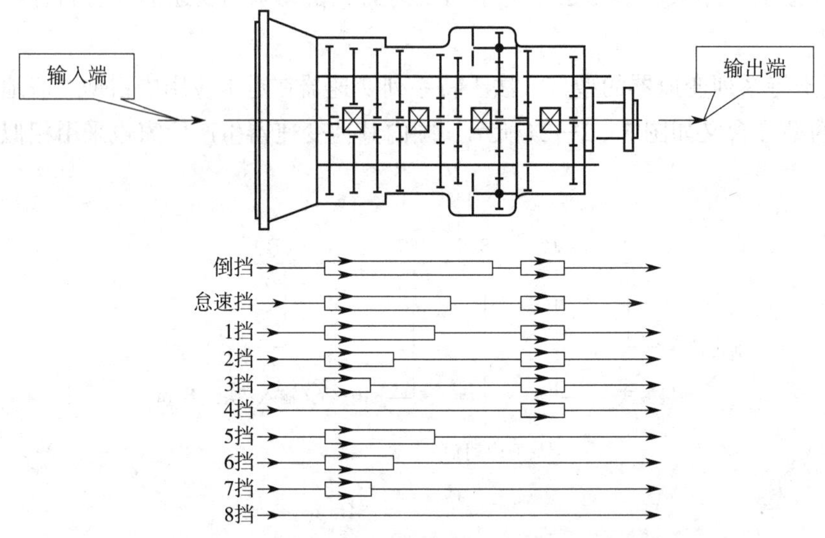

图 3—2—3 9JS180 系列变速器的动力传递路线

2）双中间轴结构。与传统的三轴式变速器不同，9JS180 系列变速器的主、副变速器均采用 2 根结构相同的中间轴总成，相间 180°，动力从一轴输入后，分流到 2 根中间轴上，然后再汇集到二轴输出；副变速器也是如此。

因为从理论上讲每根中间轴只传递 1/2 的转矩，所以采用双中间轴可以使变速器的中心距减小，齿轮的宽度减小，轴向尺寸缩短，质量减轻。

采用了双中间轴以后，主轴上的各挡齿轮必须同时与 2 根中间轴齿轮啮合。为了满足正确的啮合要求，并使载荷尽量平均分配，主轴齿轮在主轴上呈径向浮动状态，主轴采用了绞接式浮动结构，如图 3—2—4 所示。主轴轴颈插入一轴的孔内，孔内压入含油导套，主轴轴颈与导套之间有足够的径向间隙。主轴后端通过渐开线花键插入副变速器

驱动齿轮孔内，副变速器驱动齿轮轴颈支撑在球轴承上。

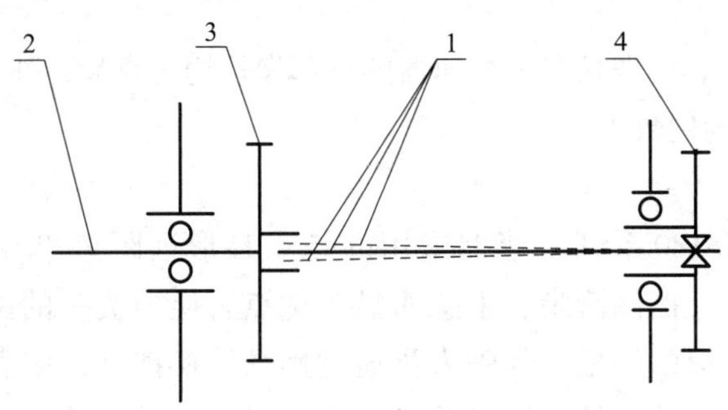

图 3—2—4 主轴浮动结构示意图

1—主轴 2——轴 3——轴齿轮 4—副变速器驱动齿轮

因为各挡齿轮在主轴上浮动，所以取消了传统的滚针轴承，使主轴总成的结构更简单。在工作时，2 个中间轴齿轮对主轴齿轮所加的径向力大小相等、方向相反，因此相互抵消。这时，主轴只承受转矩，不承受弯矩，改善了主轴及其轴承的受力状况，大大提高了变速器的使用可靠性和耐久性。

为了保证双中间轴结构中中间轴齿轮与主轴齿轮能够正确啮合，必须要进行“对齿”。所谓“对齿”就是在组装变速器时，将 2 根中间轴总成上中间轴传动齿轮涂有标记的轮齿分别插入一轴齿轮上涂有标记的两组轮齿（每组包括相邻 2 个轮齿）的齿槽中，如图 3—2—5 所示。具体方法如下：

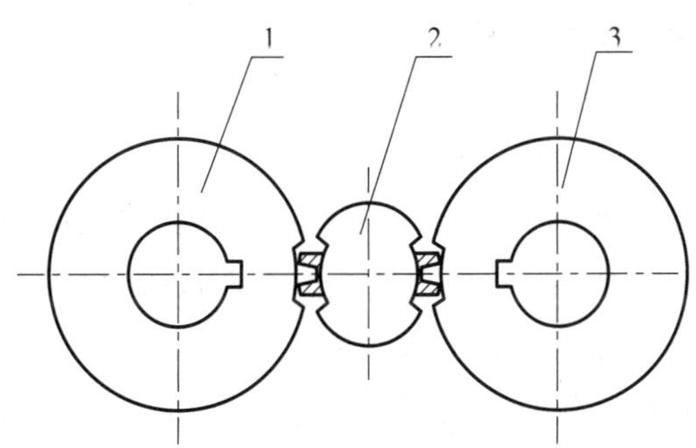

图 3—2—5 组装变速器对齿示意图

1—左中间轴齿轮 2——轴齿轮 3—右中间轴齿轮

先在一轴齿轮的任意 2 个相邻齿的齿顶面及齿端面涂上标记，然后在与其相对称的另一侧 2 个相邻齿的齿顶面及齿端面涂上标记。2 组记号之间的齿数应相等。在每个中间轴传动齿轮上与齿轮键槽正对的那个齿的齿顶面及齿端面涂上标记，以便识别。装配时，使 2 个中间轴传动齿轮涂有标记的齿分别啮入一轴齿轮左、右侧涂有标记的 2 个轮齿之中。

副变速器的“对齿”也按同样方法进行。通常是选用减速齿轮与副变速器中间轴的小齿轮进行“对齿”。

为了便于“对齿”，一般情况下变速器的全部齿轮均为直齿，并且一轴、二轴和副变速器主轴上的齿轮均为偶数齿。

3）操纵机构

①机械部分。9JS180 系列变速器采用的是双 H 形远距离单杆操纵装置。它具有结构简单、操作简便、挡位清晰、手感明显等优点。换挡拨头的两侧各设有 1 个扇形凸台，凸台上开有 V 形的沟槽。驾驶人员通过操纵外换挡臂，使横向换挡杆带动换挡拨头转动，推动 V 形沟槽内的空挡开关启动销和双 H 阀的触头，从而控制空挡开关和气路。

如图 3—2—6 所示，单杆双 H 操纵装置主要由双 H 操纵装置壳体、双 H 气阀、外换挡臂、横向换挡杆、倒挡控制块、换挡拨头、平衡弹簧、压缩弹簧、通气塞和指示灯开关等组成，可以完成变速器的选挡、摘挡和挂挡。

外换挡臂、倒挡控制块和换挡拨头均装配在横向换挡杆上。驾驶人员操纵外换挡臂，可以使横向换挡杆做横向移动，从而实现选挡；使横向换挡杆前后转动，从而实现挂挡和摘挡。

换挡拨头上有一部分设计成锥面。当横向换挡杆向低挡区移动时，双 H 气阀的球面滑柱（阀芯）在换挡拨头锥面的作用下回缩，打开双 H 气阀的低挡气路；当横向换挡杆向高挡区移动时，双 H 气阀的阀芯在阀内弹簧力的作用下弹出，打开双 H 气阀的高挡气路，这样就完成了副变速器的自动换挡。

②气路部分。整车压缩空气（0.7 ~ 0.8 MPa）经过空气滤清调节器，调压至 0.41 ~ 0.44 MPa 后，进入主气管。

副变速器为气动操纵，换挡气压为 0.41 ~ 0.44 MPa。双 H 换挡机构的气动线路如图 3—2—7 所示。装在双 H 装置中横向换挡杆上的换挡拨头直接控制双 H 气阀，使其接通高挡区或低挡区的气路来实现挡位的自动转换。当驾驶人员由低挡区向高挡区换挡时，换挡拨头压下触头，此时总气管与高挡气管连通，驱动气缸活塞向高挡区移动，与此同时低挡气管和排气口接通，以排出低挡气管的高压气，从而实现由低挡到高挡的转换；反之，由高挡向低挡换挡，触头松开，此时总气管与低挡气管连通，驱动气缸活塞向低挡区移动，同时高挡气管和排气口接通，以排出高挡气管的高压气。

③换挡机构操纵手柄位置。变速器为远距离操纵型，主变速器为手动操纵，操纵手柄位置如图 3—2—8 所示，1—2—3—4 挡及倒挡在低挡区，5—6—7—8 挡在高挡区；有 2 个空挡位置，一个在低挡区 3—4 挡，另一个在高挡区 5—6 挡。副变速器为气动操纵，换挡气压为 0.45 MPa。

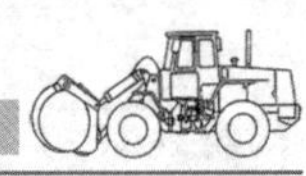

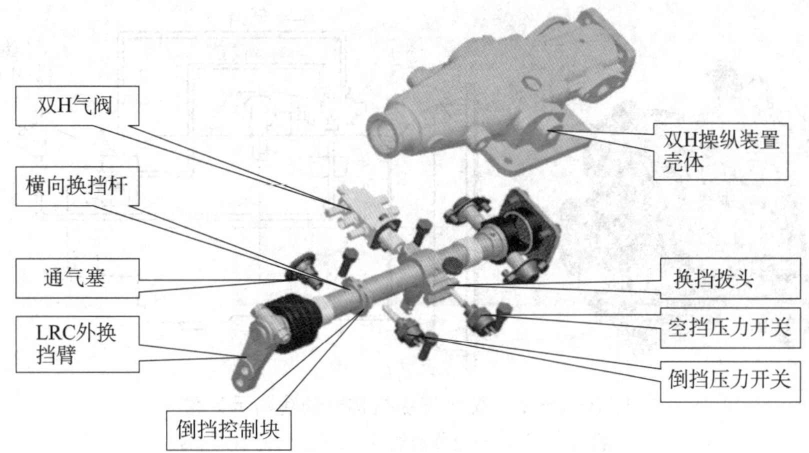

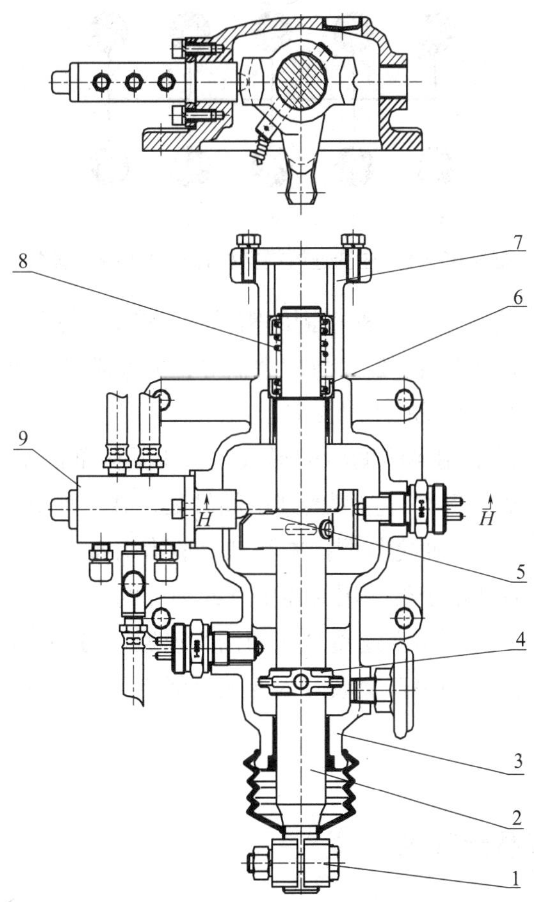

图 3—2—6　操纵装置机械结构简图

1—换挡摇臂　2—横向换挡杆　3—操纵装置壳体　4—倒挡控制块　5—换挡拨头　6—弹簧座
7—限位套　8—弹簧　9—双 H 气阀

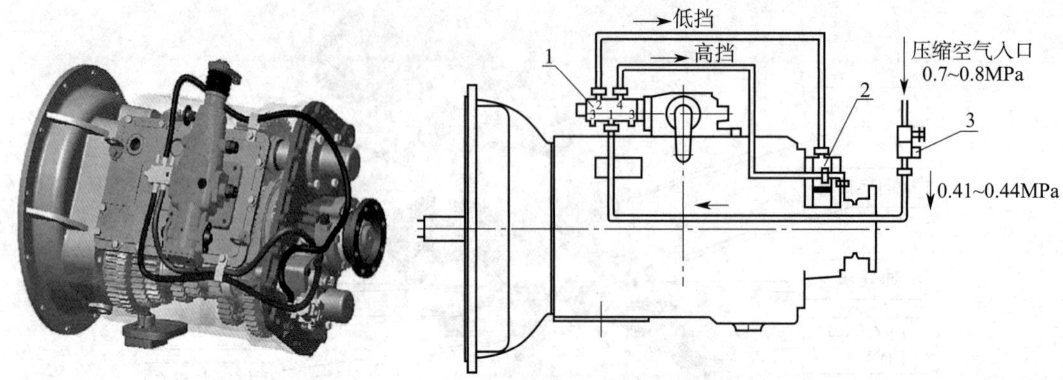

图 3—2—7　双 H 操纵机构气动线路示意图

1—双 H 气阀　2—范围挡气缸　3—空气滤清调节器

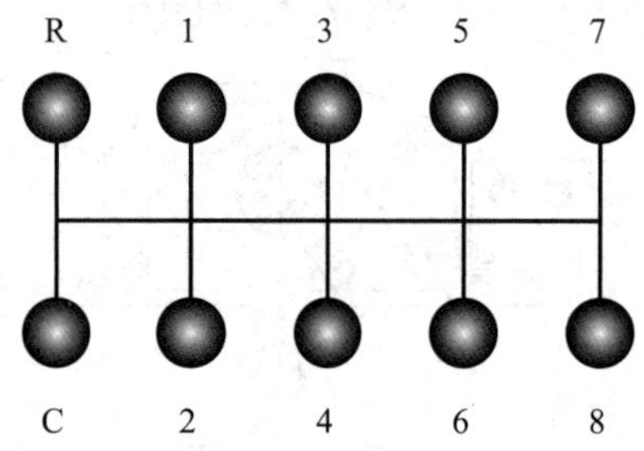

图 3—2—8　主变速器换挡机构操纵手柄位置图

④取力机构。为了适应某些特种车辆的需求，9JS180 系列变速器可配置后取力器、底取力器、侧取力器、前取力器、发动机取力器等，能够满足载重车、自卸车、牵引车、越野车、汽车起重机、矿用车等的使用要求。

⑤润滑机构。变速器采用飞溅润滑的形式，对于其内部润滑条件较为恶劣的位置，采取一定的措施帮助润滑。例如，左侧倒挡中间轴处，在其所处的壳体立壁上铸造出接油槽，再在槽内设计 1 个孔，使之与倒挡中间轴上油槽相通，再用油孔与轴上轴承相通；而在一轴轴承盖和二轴后轴承盖处，用壳体上开回油孔的方式，使润滑油循环通畅；主、副变速器之间开油孔，使主、副变速器之间的油路连通。另外，在变速器壳体的一内侧壁上方设有引油槽，从而改善整车上坡时因变速器倾斜所引起的前部齿轮（尤其是一轴齿轮）润滑不良的情况。

二、重卡变速器装配技术要求

1. 装配注意事项

装配前，必须彻底清洁所有要装配的零部件，不能让灰尘和杂物进入变速器内，否则会造成不必要的损坏。

（1）衬垫

重新装配变速器时，要全部使用新的衬垫。

（2）螺钉

为了防止漏油，所有的螺钉都要使用螺纹胶，用于密封。

（3）O 形密封圈

用硅脂润滑剂润滑所有的 O 形密封圈。

（4）初始润滑

装配过程中，所有的止推垫圈都要涂上润滑脂进行初始润滑，从而防止止推垫圈被划伤或磨损。

（5）齿轮轴向间隙

保证一轴前进挡齿轮轴向间隙为 0.13 ~ 0.30 mm，倒挡齿轮的轴向间隙为 0.30 ~ 0.90 mm。

2. 拧紧力矩标准

变速器各个部位连接件的拧紧力矩标准见表 3—2—1。

表 3—2—1　　变速器螺栓、螺母拧紧力矩标准

连接部位	连接用螺栓、螺母		推荐拧紧力矩值（N · m）	连接部位	连接用螺栓、螺母		推荐拧紧力矩值（N · m）
	规格	数量			规格	数量	
离合器壳体	M16 × 1.5	6	244 ~ 271	加油孔	M21（油堵）	1	81 ~ 101.5
离合器壳体	M12	4	108 ~ 135	副变速器驱动齿轮定位盘	M10	6	47.5 ~ 61
输入轴轴承盖	M10	6	47.5 ~ 61	倒挡介轮轴	M16 × 1.5	2	67.5 ~ 81
输入轴齿轮	M54 × 1.5	1	338 ~ 406	副变速器中间轴后盖	M10	8	47.5 ~ 61
双 H 操纵装置	M10 × 1	8	47.5 ~ 61	底取力器盖	M12	8	67.5 ~ 88
上盖	M10	16	47.5 ~ 61	中间轴制动器	M10	8	47.5 ~ 61
拨叉锁止螺钉	M12	5	67.5 ~ 88	变速器侧窗口盖	M10	6	24.5 ~ 31
副变速器拨叉	M12 × 1.5	2	67.5 ~ 88	主轴后轴承盖	M10	6	47.5 ~ 61
空滤器托架	M6	2	13.5 ~ 20.3	换挡气缸壳体	M10	4	47.5 ~ 61
输出轴	M50 × 1.5	1	609 ~ 677	气缸盖	M10	4	47.5 ~ 61
副变速器后盖	M10	19	47.5 ~ 61	离合器壳底盖	M10	4	20 ~ 27
放油孔	M25（油堵）	1	61 ~ 74.5	中间轴	M16 × 1.5	2	122 ~ 162

三、装配前的准备

变速器材料、工具、量具的准备清单，见表 3—2—2。

表 3—2—2 变速器材料、工具、量具的准备清单

名称	单位	数量	名称	单位	数量
9JS180 系列变速器	个	6	铜棒	根	1
双头呆扳手	套	1	0.5 t 悬臂起重机	架	1
气动扳手	把	1	清洗液（煤油）	L	12
锤子	把	1	任务书	份	1
重卡变速器的装配图、零件图	套	1	企业生产管理规程和安全操作规程	份	1

四、技能训练

重卡变速器装配包括操纵机构装配、上盖总成装配、副变速器部分装配、主变速器部分装配、变速器总成装配。

1. 操纵机构装配（表 3—2—3）

表 3—2—3 操纵机构装配

工艺步骤	操作图示	操作说明	注意事项
装配油封		用铜锤将油封轻轻敲入油封口	在油封刃口抹润滑油
装配双 H 壳体内弹簧等		装配双 H 壳体内的弹簧、弹簧座及隔套，用止动螺钉锁定	—

续表

工艺步骤	操作图示	操作说明	注意事项
装配定位环上的弹性销	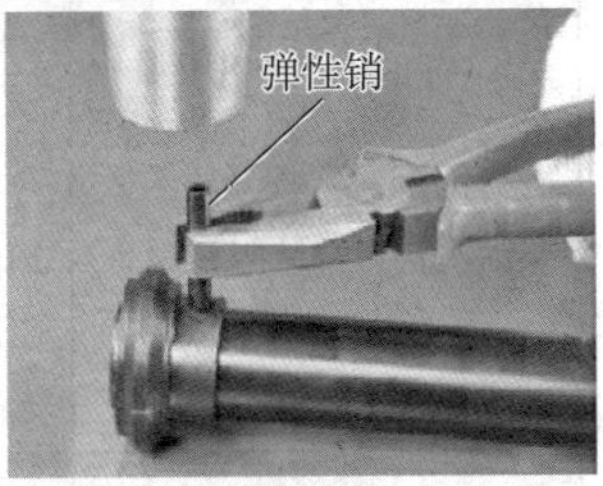	利用工具将弹性销装入定位环的孔中	注意定位环的方向
装配横向换挡杆及倒挡弹性销	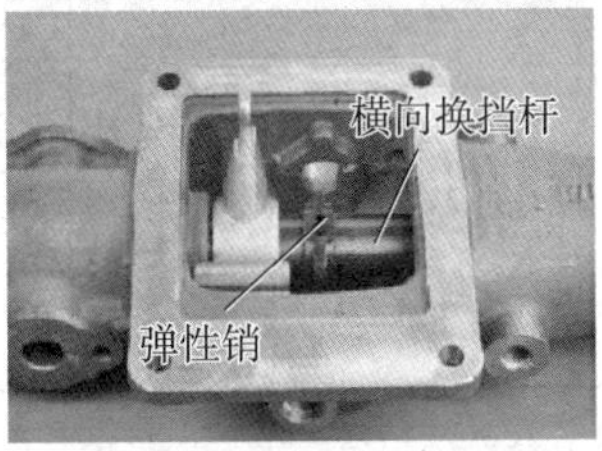	先将横向换挡杆装入壳体，再装配倒挡控制块上的弹性销	装配顺序应正确
装配换挡拨头上的圆柱销	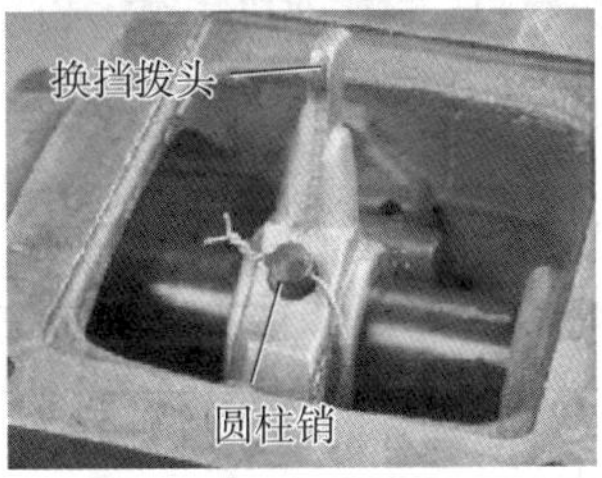	将圆柱销装入换挡拨头销孔中，并用铁丝锁定	—
装配两侧柱塞	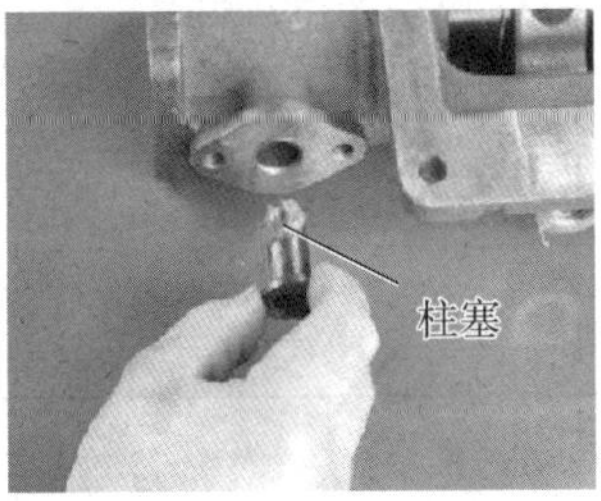	装配两侧柱塞，并对柱塞初始润滑	柱塞润滑要充分
装配弹簧座及弹簧、侧板	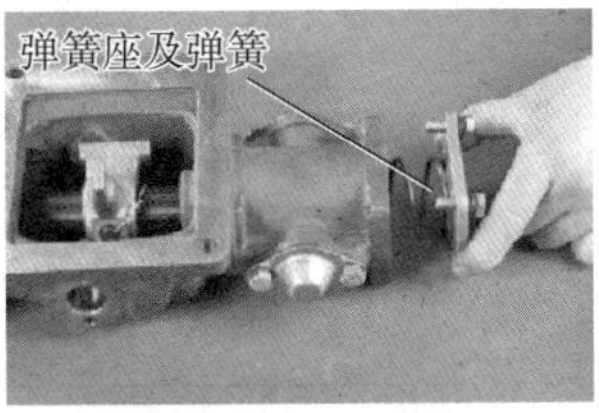	顺序装配弹簧座及弹簧、侧板，用螺栓按规定力矩拧紧	按“对角、分阶断”原则拧紧弹簧座螺栓
装配换挡摇臂、防尘套	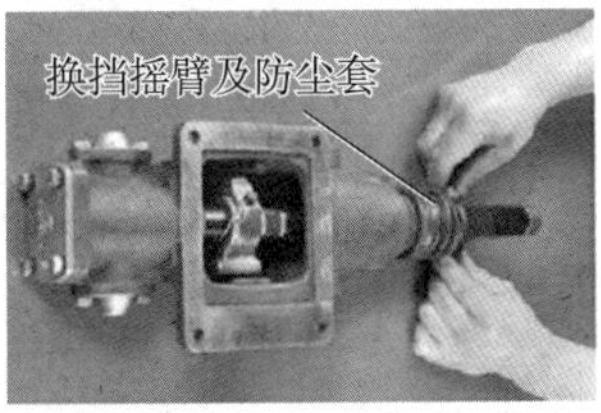	装入换挡摇臂，并装配防尘套	摇臂和拨头应保持在一条直线上

续表

工艺步骤	操作图示	操作说明	注意事项
装配倒挡、空挡开关及柱销		将倒挡、空挡开关装入操纵机构，并装入柱销	螺母拧紧力矩控制在 20～26 N·m
装配双 H 阀定位螺钉	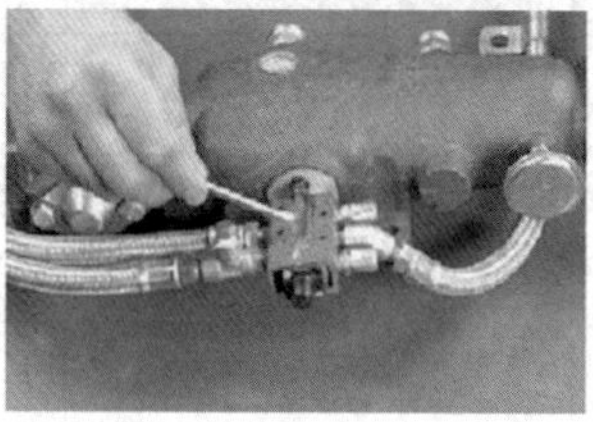	用内六角扳手装配双 H 阀的 2 个定位螺钉	螺钉拧紧力矩控制在 13.5～20 N·m

2. 上盖总成装配（表 3—2—4）

表 3—2—4　　上盖总成装配

工艺步骤	操作图示	操作说明	注意事项
装配低挡、倒挡拨叉及拨叉轴	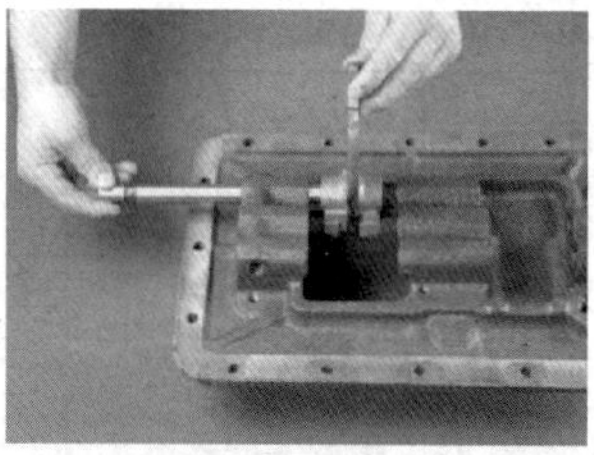	将低挡、倒挡拨叉及拨叉轴装入上盖	—
装配互锁钢球		将一个互锁钢球装入上盖内	—
装配 1、2 挡拨叉总成	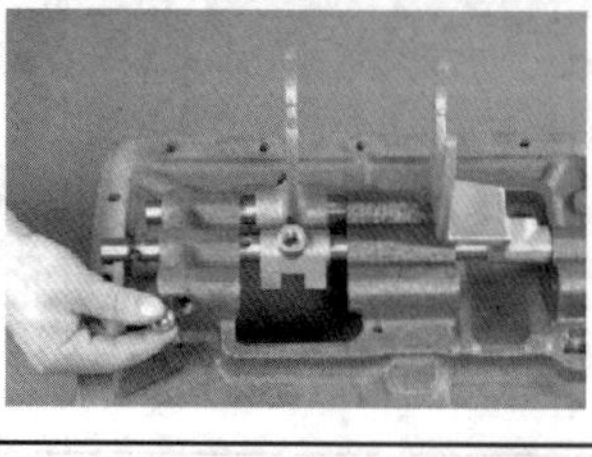	装入 1、2 挡拨叉轴、导块及 1、2 挡拨叉，然后装入互锁销及互锁钢球	—

续表

工艺步骤	操作图示	操作说明	注意事项
装配 3、4 挡拨叉总成		装配 3、4 挡拨叉轴、导块及拨叉，紧固螺栓，用铁丝绑定	—

3. 副变速器部分装配（表 3—2—5）

表 3—2—5　　副变速器部分装配

工艺步骤	操作图示	操作说明	注意事项
装配副变速器同步器		将副变速器同步器的零件准备齐全	—
		将副变速器同步器的低挡环水平放入同步器滑套	—
		将 3 根弹簧放入高挡环孔内，在每根弹簧上加一个旋转力，使其与同步器其余部件相配合	—
插入输出轴	输出轴	在同步器下面垫一块高度 50 mm 的木头，同步器低挡环向上，然后在同步器上插入输出轴	—

续表

<table>
<tr><th>工艺步骤</th><th>操作图示</th><th>操作说明</th><th>注意事项</th></tr>
<tr><td>装配主轴垫圈</td><td></td><td>装入副变速器主轴垫圈</td><td>—</td></tr>
<tr><td>装配齿轮垫片</td><td></td><td>将齿轮垫片凸面向下套入输出轴</td><td>要对垫片做初始润滑</td></tr>
<tr><td>装配轴承内环</td><td></td><td>用铜锤敲击轴承内环，将其装入副变速器加长中间轴</td><td>敲击的力量要均匀</td></tr>
<tr><td rowspan="2">做对齿标记</td><td></td><td>在副变速器加长中间轴上做对齿标记</td><td rowspan="2">标记清晰</td></tr>
<tr><td></td><td>在副变速器减速齿轮上相邻 180° 方向做对齿标记</td></tr>
</table>

续表

工艺步骤	操作图示	操作说明	注意事项
装配后盖壳体		将后盖壳体装入副变速器减速齿轮上	装配时注意壳体方向，不要装反
装配轴承		装配组合轴承及 2 个加长中间轴上的滚子轴承	装配时注意轴承上分别有 1 个卡环、1 个衬环
装配卡环		装配 2 个加长中间轴上的卡环，使卡环装在卡环槽中	—
装配输出轴轴承盖及接头	轴承盖 接头	装配输出轴轴承盖及里程表被动齿轮、里程表接头	—
装配加长中间轴盖	中间轴盖	装配 2 个加长中间轴盖，用螺栓紧固	螺栓的拧紧力矩为 47.5 ~ 61 N · m
装配气缸壳体	气缸壳体	将气缸壳体装配在后盖壳体上，用螺栓紧固	螺栓的拧紧力矩为 47.5 ~ 61 N · m

续表

工艺步骤	操作图示	操作说明	注意事项
装配气缸活塞		将气缸活塞平面向上，然后装入气缸壳体中	—
装配副变速器换挡拨叉		将副变速器换挡拨叉插入同步器滑套，装配并拧紧拨叉轴上的螺栓，然后螺栓用铁丝锁紧	螺栓的拧紧力矩为67.5～88 N·m
装配气缸盖等配件		装配换挡气缸盖及法兰盘、凸缘螺母	气缸盖的拧紧力矩为47.5～61 N·m，凸缘螺母的拧紧力矩为609～699 N·m

4. 主变速器部分装配（表3—2—6）

表3—2—6　　主变速器部分装配

工艺步骤	操作图示	操作说明	注意事项
装配倒挡介轮		将倒挡介轮凸面朝前装入壳体	—
装配倒挡介轮轴		将倒挡介轮轴装入倒挡介轮中	保证装配位置正确

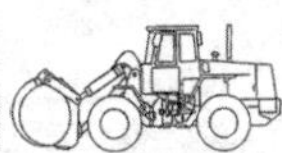

续表

工艺步骤	操作图示	操作说明	注意事项
紧固倒挡介轮轴		按照规定力矩拧紧倒挡介轮轴前端的自锁螺母	拧紧力矩为 67.5～81 N·m
做对齿标记		在中间轴总成常啮合齿轮键槽正对的轮齿上做对齿标记	标记清晰
装配中间轴总成		将 2 个中间轴总成放入主变速器壳体	标记位置朝向对应位置
装配二轴导套		用铜锤均匀敲击二轴导套，使其装入一轴内孔	—
装配卡环		将卡环装入一轴齿轮	—

续表

工艺步骤	操作图示	操作说明	注意事项
装配一轴齿轮隔垫		将一轴套入一轴齿轮，再装入一轴齿轮隔垫	—
装配一轴轴承	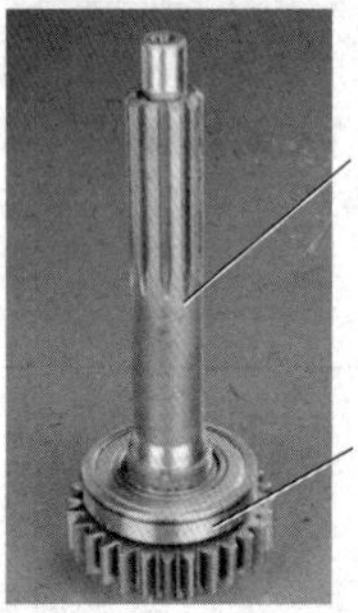	将一轴轴承装配到一轴上	挡油盘一面向上
拧紧一轴螺母		按照规定力矩拧紧一轴螺母，并铆死防松	螺母的拧紧力矩为338～406 N·m
做对齿标记		在一轴齿轮过中心的180°方向上，任选2组齿做对齿标记	标记对称、清晰
装配一轴总成		将一轴总成装入主变速器壳体	按标记位置装配

续表

工艺步骤	操作图示	操作说明	注意事项
装配中间轴后轴承		将中间轴有标记的轮齿插入一轴齿轮有标记的齿槽中，然后装配中间轴后轴承	后轴承用卡环定位
装配中间轴前轴承		将中间轴前轴承装配入中间轴前端	—
装配一轴轴承上的卡环		利用工具将卡环装入一轴轴承上	—
装配二轴调整垫	调整垫	二轴竖直向上放置，将凸面向上的调整垫装配入二轴，转过一个齿距后穿入长键	调整垫的方向不要放反
装配低挡、倒挡滑套		将低挡、倒挡滑套装入二轴	滑套的缺齿处朝向二轴带孔槽，二轴上的滑套可互换

续表

工艺步骤	操作图示	操作说明	注意事项
装配调整垫及花键垫	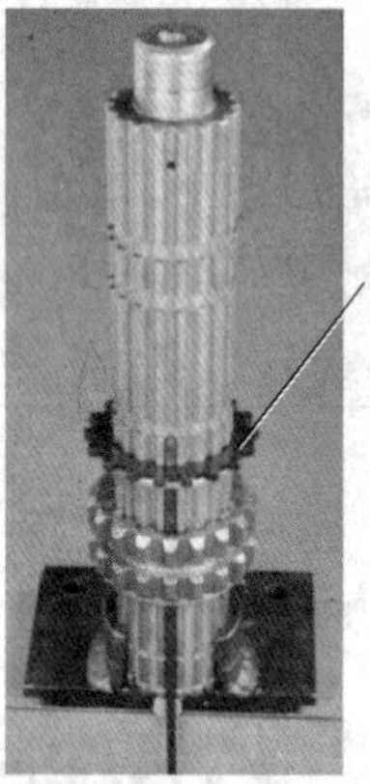	装入一个凸面向下的调整垫；转过一个齿距后推送长键，再放入一个花键垫	花键垫可互换，厚度相同。调整垫有多种厚度，可根据需要选取
装配二轴低挡齿轮		将二轴低挡齿轮结合齿向下装入二轴	—
装配二轴一挡齿轮		将二轴一挡齿轮的结合齿向上装入二轴，再装入一个花键垫	—
装配调整垫		装入一个凸面向上的调整垫，转过一个角度后推送入长键	调整垫的凸面不要装反

续表

工艺步骤	操作图示	操作说明	注意事项
装配一挡、二挡滑套	二挡滑套 一挡滑套	装入一挡、二挡滑套，滑套的缺齿处朝向二轴带孔槽	—
装配调整垫		装入一个凸面向下的调整垫，转过一个齿距后推送入长键	—
装配二轴二挡齿轮	二挡齿轮	使二轴二挡齿轮结合齿向下，然后将其装入二轴	—

续表

工艺步骤	操作图示	操作说明	注意事项
装配二轴三挡齿轮	 三挡齿轮	使二轴三挡齿轮结合齿向上，然后将其装入二轴，再装入一个花键垫	—
装配调整垫		将凸面向上的花键调整垫装入三挡齿轮，转过一个角度后推送入长键	—
装配弹性销及三挡、四挡滑套	 弹性销	将弹性销敲入二轴上的小孔内，装入三挡、四挡滑套	—
装配二轴倒挡齿轮		将二轴水平放置，装入二轴倒挡齿轮、花键垫	在倒挡齿轮、花键垫装配后再装入一个卡环

续表

工艺步骤	操作图示	操作说明	注意事项
检测轴向间隙		检测二轴轴向间隙：将二轴竖直放置，装入倒挡齿轮卡环，装配上副变速器驱动齿轮总成及卡环，用塞尺检查倒挡齿轮和驱动齿轮的轴向间隙	轴向间隙应为 0.3 ~ 0.9 mm
		采用同样方法检测二轴低挡、倒挡和二挡、三挡齿轮的轴向间隙	轴向间隙应为 0.13 ~ 0.3 mm
涂抹润滑脂		在一轴内孔壁上均匀涂抹适量润滑脂	—
装配二轴总成		将二轴总成放入主变速器中，后端用驱动齿轮定位	—
装配另一个中间轴总成		将另一个中间轴有标记的齿轮插入一轴齿轮有标记的槽中，保证两边中间轴对称	—

续表

工艺步骤	操作图示	操作说明	注意事项
装配中间轴后端轴承		利用工具将轴承装入中间轴后端，并用卡环定位	轴承要安装到位
装配中间轴前端轴承及中间轴压板	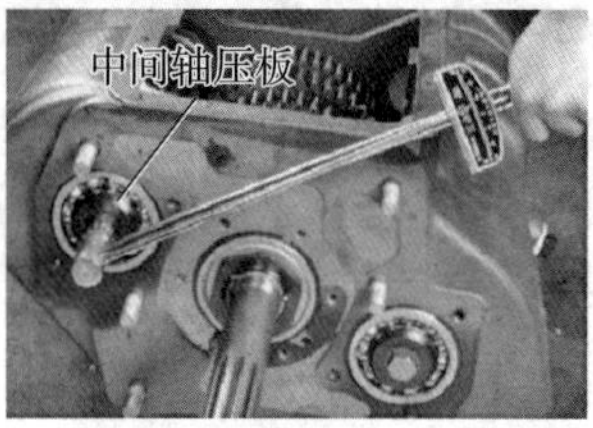	利用工具将中间轴前端轴承装入，并装配中间轴压板	螺栓的拧紧力矩为 122 ~ 162 N · m 压板螺栓的螺纹表面应涂抹螺纹胶
装配另一个倒挡介轮总成		将另一个倒挡介轮总成安装在相应的位置，紧固自锁螺母	螺母的拧紧力矩为 67.5 ~ 81 N · m
装配倒挡齿轮卡环		将二轴倒挡齿轮后拨，与倒挡介轮啮合，装配倒挡齿轮卡环	—
装配驱动齿轮总成及轴承		装配驱动齿轮总成及 2 个轴承	装配轴承时应均匀敲击外圈
装配中间轴制动器总成	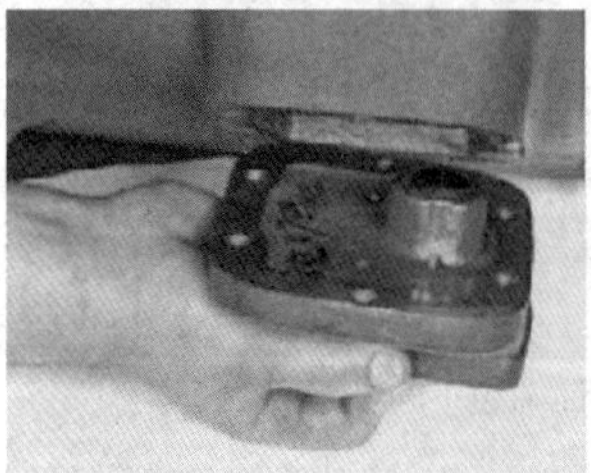	将中间轴制动器总成装配在相应位置，按照规定力矩拧紧螺栓	螺栓的拧紧力矩为 47.5 ~ 61 N · m

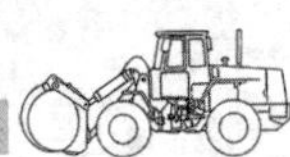

续表

工艺步骤	操作图示	操作说明	注意事项
安装离合器壳体		安装离合器壳体，用扭力扳手按照规定力矩拧紧螺栓	M16 螺栓的拧紧力矩为 244 ~ 271 N·m M12 螺栓的拧紧力矩为 108 ~ 135 N·m

5. 变速器总成装配（表 3—2—7）

表 3—2—7　　变速器总成装配

工艺步骤	操作图示	操作说明	注意事项
装副变速器同步器		将副变速器同步器置入低挡区	—
涂抹润滑脂		在主变速器的 2 个轴承孔内壁均匀涂抹润滑脂	必须涂抹润滑脂
装配副变速器总成		用专用工具吊装副变速器总成，同时向前推动，使副变速器装入，并用手转动法兰盘	—
紧固副变速器后盖		将副变速器总成装配到位，按照规定力矩拧紧后盖螺栓	按“先中间，后两边”和“对角”原则，沿顺时针方向依次、分阶段拧紧 螺栓的拧紧力矩为 47.5 ~ 61 N·m

续表

工艺步骤	操作图示	操作说明	注意事项
装配上盖总成		将上盖拨叉拨到空挡位置，然后装配上盖总成	—
装配螺栓、自锁钢球及弹簧	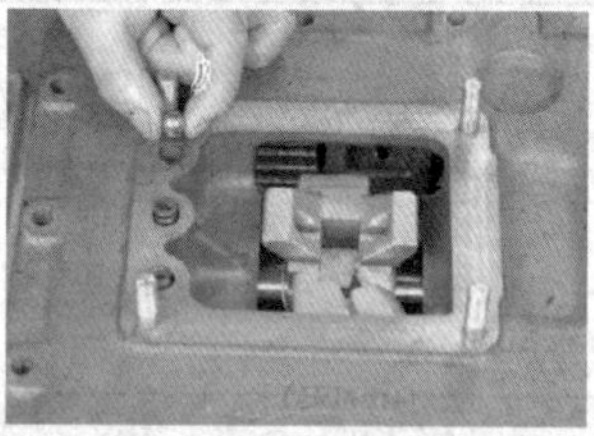	将4个双头螺栓、自锁钢球及弹簧装入相应位置	三挡、四挡拨叉轴孔内的弹簧略粗，不要装错
拧紧上盖螺栓	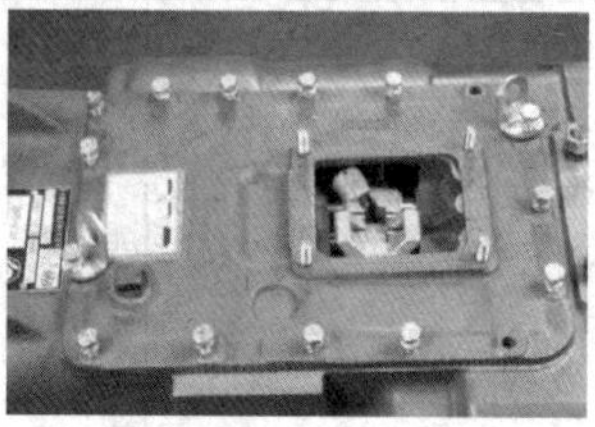	按照装配顺序和规定力矩将上盖螺栓拧紧	按“先中间，后两边”和“对角”原则，沿顺时针方向依次、分阶段拧紧 螺栓的拧紧力矩为47.5～61 N·m
紧固双H操纵机构	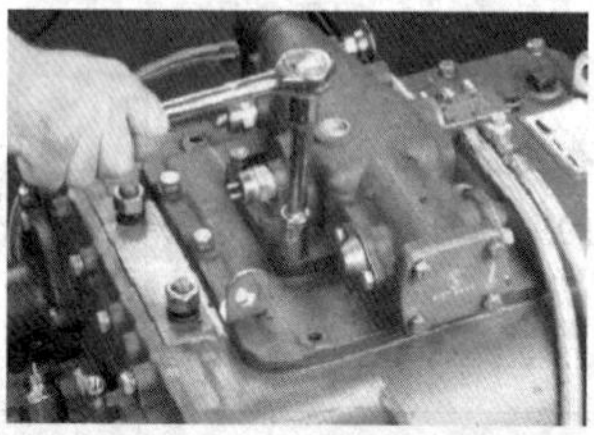	装配双H操纵机构的螺母，并按照规定力矩拧紧	螺母的拧紧力矩为47.5～61 N·m
安装气管、螺栓及空滤器托架		将3根气管和2个空滤螺栓及空滤器托架装入相应位置，并按照规定力矩拧紧螺栓	螺栓的拧紧力矩为13.5～20.3 N·m
装配完毕		装配完毕的重卡变速器总成如左图所示	—

五、复习思考题

1. 判断题

（1）变速器的一轴与二轴平行且在同一条直线上，因此一轴转动也带动二轴一起转动。（　　）

（2）变速器的某个挡位的传动比既是该挡的降速比，又是该挡的增矩比。（　　）

2. 简答题

（1）简述重卡变速器的功用。

（2）简述重卡变速器的结构组成。

* 课题 3　装载机变矩器—变速箱装配与检测

学习目标

1. 了解变矩器—变速箱的概念、作用、分类。
2. 熟悉装载机变矩器—变速箱的构造与工作原理。
3. 掌握装载机变矩器—变速箱的装配技术要求与检测方法。
4. 掌握装载机变矩器—变速箱的装配与检测技能。

本课题以轮式装载机为载体进行介绍。轮式装载机传动系统如图 3—3—1 所示。从图 3—3—1 中可以看出变矩器—变速箱总成位于柴油发动机之后。它可以将柴油发动机的动力，经过变矩、变速传给驱动桥，从而驱动车轮以不同的速度及不同的牵引力完成装载机的牵引与行驶。

一、变矩器—变速箱的概述

装载机上常用的变速器由液力变矩器和变速箱组合而成，称为变矩器—变速箱，简称双变。

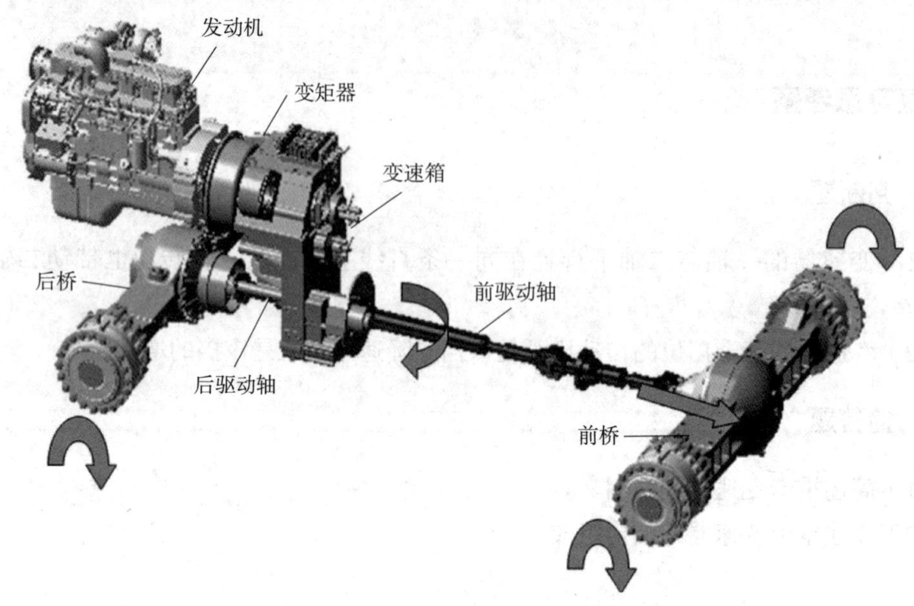

图 3—3—1 轮式装载机传动系统

1. 变矩器—变速箱的作用

变速箱的作用在本模块课题 2 中已经介绍，这里不再重复，重点介绍变矩器的作用。液力变矩器是以液体为工作介质的一种非刚性扭矩变换器。液力变矩器安装在发动机和变速箱之间，以液压油（ATF）为工作介质，起离合、传递转矩、变矩、驱动油泵的作用。

（1）离合的作用

在发动机怠速时，液力变矩器起到离合器的作用。

（2）传递转矩的作用

发动机的转矩通过液力变矩器传递给变速箱。

（3）增大转矩的作用

液力变矩器可以增大发动机供给的转矩值，改善装载机的动力性能。

（4）驱动油泵的作用

在液力变矩器上通常还设有取力接口，用于将发动机的一部分动力传给液压油泵，以驱动装载机液压系统及转向系统工作。

2. 变矩器—变速箱的分类

变矩器—变速箱可以分别按照变速箱换挡方式、变矩器的涡轮数量进行分类。

（1）按变速箱换挡方式分

按变速箱换挡方式来分，变矩器—变速箱可分为人力换挡式和动力换挡式两种。

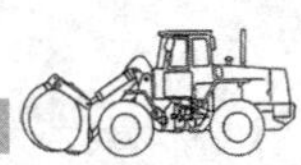

1）人力换挡式。人力换挡变速箱必须先分离主离合器，切断来自发动机的动力，然后才能换挡。人力换挡变速箱有时会挂不上挡。

2）动力换挡式。动力换挡变速箱的换挡方式有两种：一种是用离合器将变速箱中的某两个换挡元件接合，从而实现换挡；另一种是用制动器将某一个换挡元件制动，从而实现换挡。因此，动力换挡变速箱换挡时不须切断动力。

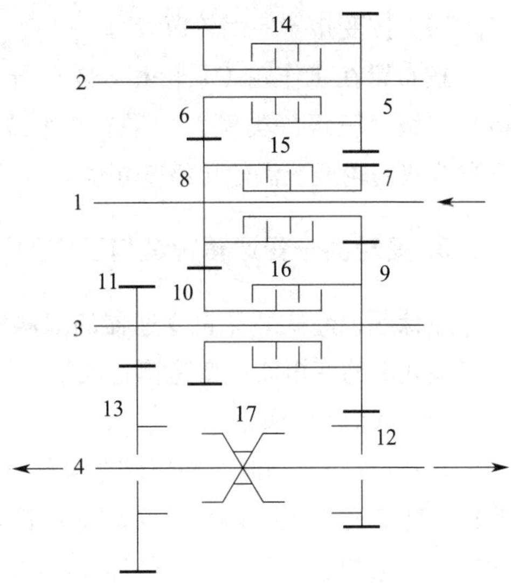

图 3—3—2　定轴式动力换挡变速箱传动简图

动力换挡变速箱又可分为定轴式和行星式两种。定轴式动力换挡变速箱是将变速箱的换挡齿轮用离合器与其轴连接起来，通过离合器的分离、接合实现换挡，如图 3—3—2 所示。行星式动力换挡变速箱中有许多行星排，换挡动作主要靠制动器制动各行星排的内齿圈实现，如图 3—3—3 所示。

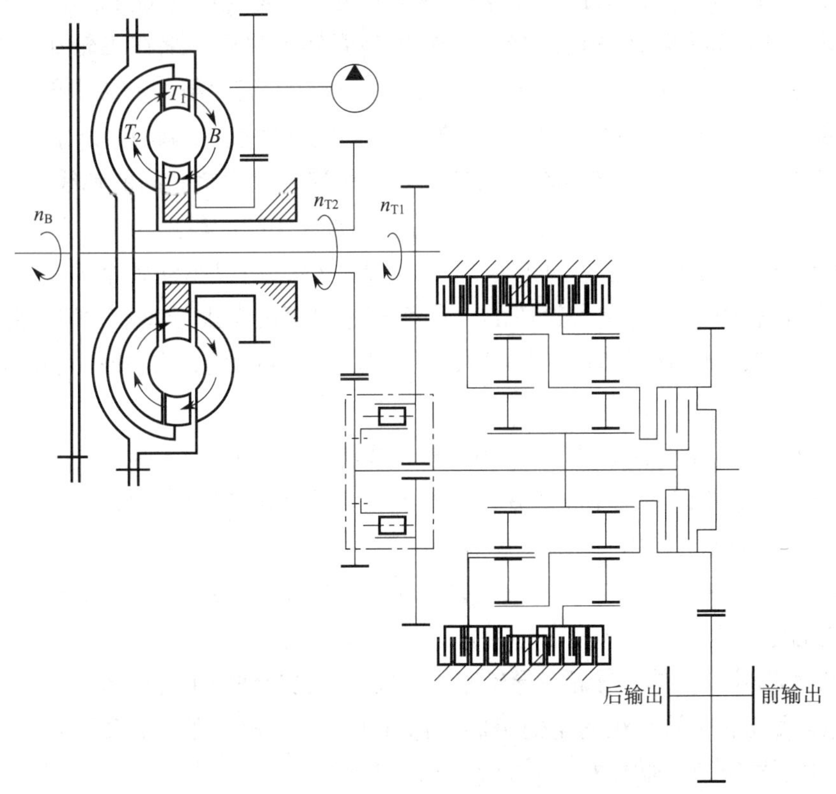

图 3—3—3　行星式动力换挡变速箱传动简图

（2）按变矩器的涡轮数量分

按布置在工作轮（泵轮和导轮或导轮与导轮）之间的涡轮数来分，变矩器可分为单级、二级、三级等类型。如果有2个或3个涡轮，但并不安置在其他2个工作轮之间，则称为双涡轮或三涡轮单级变矩器。

3. 变矩器—变速箱构造与工作原理

本课题以轮式装载机变速器的双涡轮单级变矩器—行星式动力换挡变速箱为例介绍。轮式装载机的变矩器—变速箱总成结构如图3—3—4所示。

（1）双涡轮变矩器

1）特点。自动调节输出转矩和转速；自动实现低速、重载模式和高速、轻载模式的转换；变矩比较大，高效区域较宽；以油液（如柴油）为介质，吸收和消除了外来振动和冲击，保护了发动机（如柴油发动机）和传动系统；当外载荷突然增大或不可克服时，发动机能够保持运转，不熄火；大大减轻了驾驶人员操作的劳动强度，提高了操作舒适性。

2）结构。双涡轮变矩器的结构如图3—3—4的左上半部所示。支承壳体13一端与柴油机飞轮壳相连接，另一端与变速箱箱体4固定。支承壳体两端分别用纸垫式密封圈9密封。泵轮16与罩轮21一起组成变矩器旋转壳体（轴端支承在飞轮孔中），通过弹性板24与发动机飞轮连接，并与柴油机一起同速旋转。涡轮组由一级涡轮18和二级涡轮19组成。一级涡轮18用弹性销17与罩轮21固定并铆接在涡轮毂22上。2个涡轮分别通过花键与输入一级齿轮5和输入二级齿轮8相连，它们绕共同的轴线各自旋转。导轮座10与支承壳体13固定在一起。作为泵轮右端支承的导轮座10通过花键装配导轮23，并用弹簧挡圈限位。齿轮14与泵轮16连成一体，用以驱动各个油泵。齿轮14与不转动的导轮座10之间装有密封环12，工作时这里可能有少量泄油，但仍能保持一定压力。油封环7、11与密封环12起相同的作用。推力球轴承6隔开相对运动的齿轮5和8。

3）组成。液力变矩器（图3—3—5）一般可以分为三部分：

①输入部分：由泵轮、罩轮和弹性板组成，与发动机同速同向旋转。泵轮起着将机械能转变为流体动能的作用。

②输出部分：由涡轮组成，通过花键与输出齿轮相连。涡轮的作用是将液体的动能转换为机械能。

③固定部分：由壳体、导轮、导轮座等组成。导轮起到增矩的作用。

轮式装载机采用的是双涡轮变矩器，它有4个工作轮，即1个泵轮B、2个涡轮T_1和T_2以及1个导轮D，如图3—3—6所示。

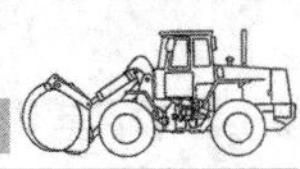

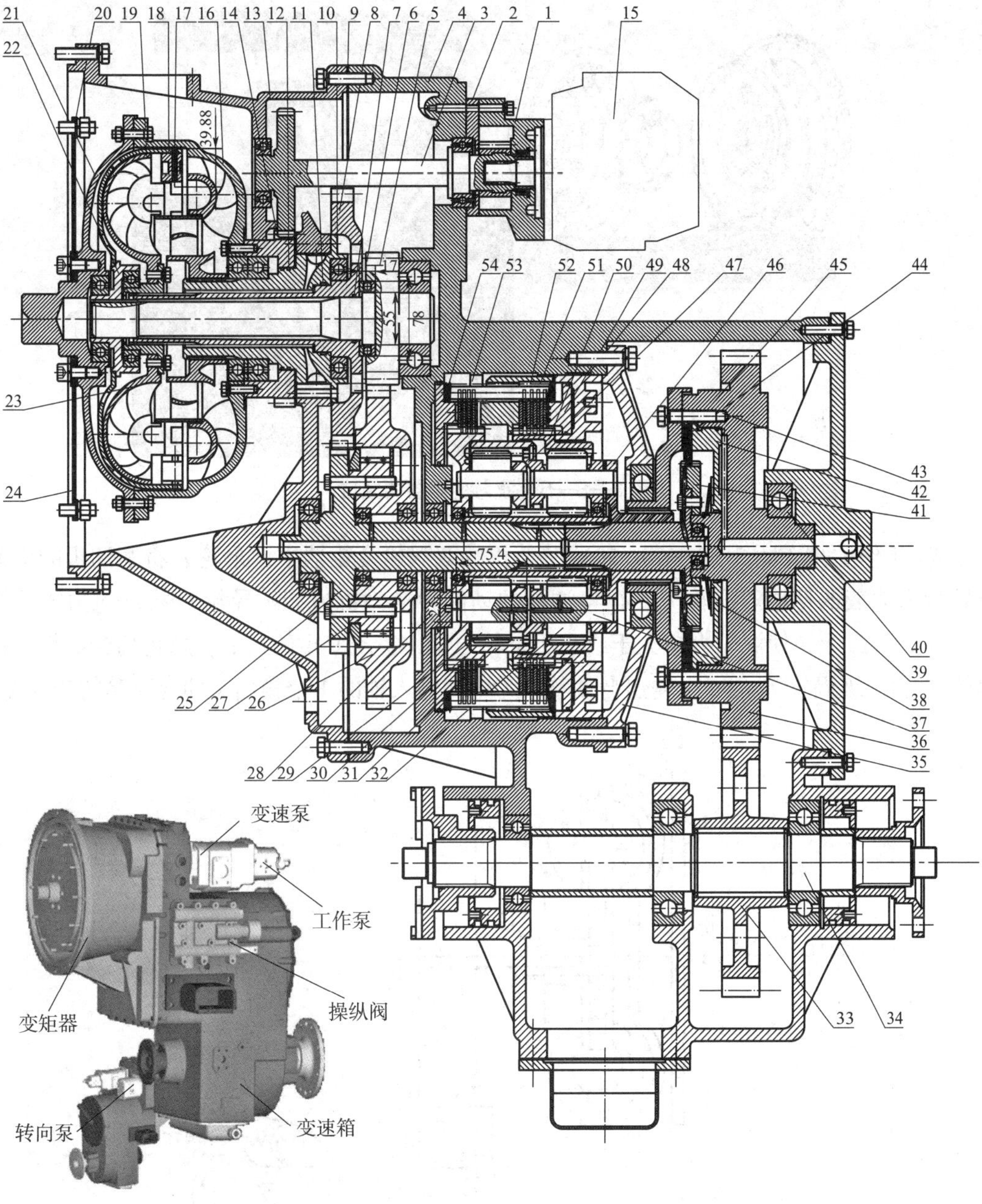

图 3—3—4　轮式装载机的变矩器—变速箱总成结构图

1—变速泵　2—垫　3—齿轮轴　4—变速箱箱体　5—输入一级齿轮　6—推力球轴承　7、11—油封环　8—输入二级齿轮　9—纸垫式密封圈　10—导轮座　12—密封环　13—支承壳体　14—齿轮　15—工作泵　16—泵轮　17—弹性销　18—一级涡轮　19—二级涡轮　20—垫片　21—罩轮　22—涡轮毂　23—导轮　24—弹性板　25—中间输入轴　26—外环齿轮　27、43—螺栓　28—太阳轮　29—倒挡行星轮　30—倒挡行星架　31—倒挡内齿圈　32—一挡行星轮　33—输出轴齿轮　34—输出轴　35—中盖　36—中间轴输出齿轮　37—一挡行星轮轴　38—盘形弹簧　39—端盖　40—轴承　41—直接挡轴　42—直接挡活塞　44—直接挡摩擦离合器　45—直接挡受压盘　46—直接挡连接盘　47—一挡行星架　48—一挡油缸　49—一挡活塞　50—一挡内齿圈　51—一挡摩擦离合器　52—弹簧　53—倒挡摩擦离合器　54—倒挡活塞

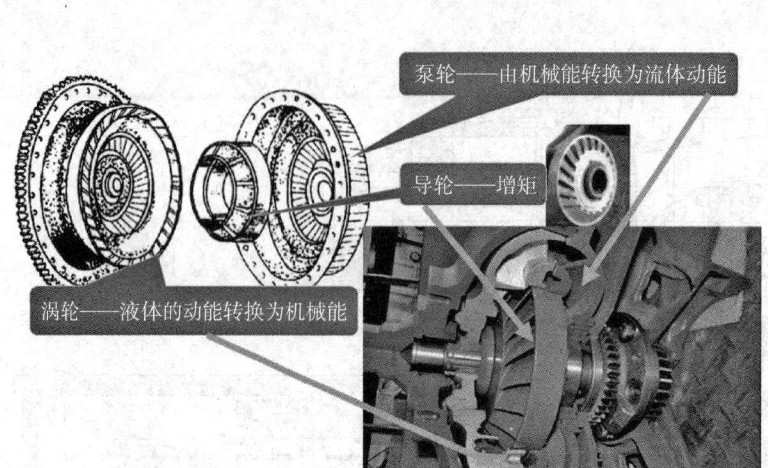

图 3—3—5 液力变矩器的组成

4）工作原理（图 3—3—6）。轮式装载机的双涡轮变矩器中，泵轮 B 将柴油机的机械能转换为油液的动能。涡轮 T_1、T_2 将油液的动能转换为机械能。导轮 D 将反射力矩叠加到涡轮 T_1、T_2 上，使涡轮力矩大于或小于泵轮力矩，实现变矩的目的。超越离合器将一级涡轮 T_1 和二级涡轮 T_2 的 2 个输出自动整合为中间输入轴的 1 个输出（即变速箱的输入）。

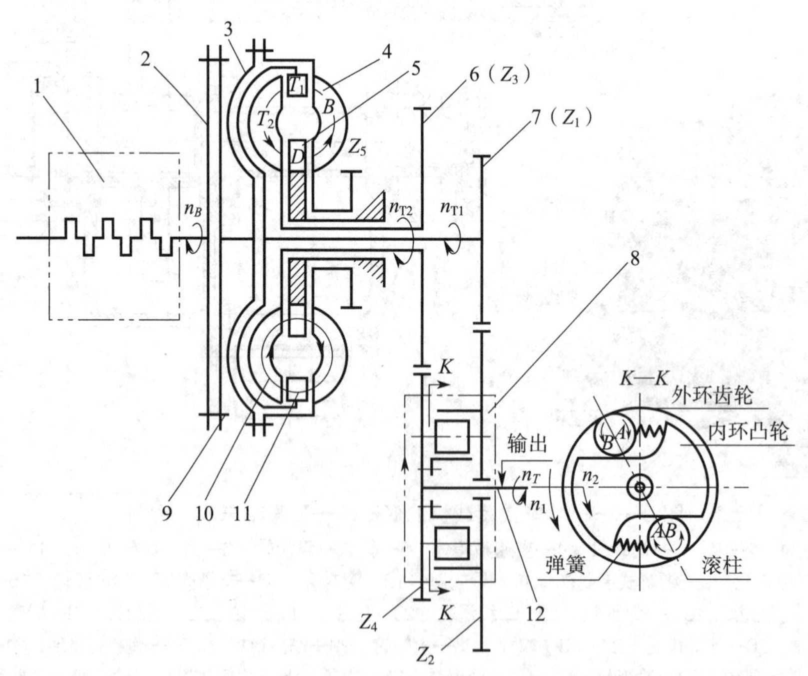

图 3—3—6 轮式装载机双涡轮变矩器工作原理简图

1—发动机曲轴 2—飞轮 3—罩轮 4—泵轮 Z_5 5—导轮 6—二级输入齿轮 Z_3 7—一级输入齿轮 Z_1 8—超越离合器 9—弹性板 10—二级涡轮 11—一级涡轮 12—中间输入轴

双涡轮变矩器的工作腔里面充满了液态工作介质（柴油）。泵轮 B 由发动机带动，并以相同转速 n_B 旋转，迫使腔内油液按图示方向以较大的速度和压力冲击涡轮。2 个涡轮 T_1 和 T_2 分别以转速 n_{T1} 和 n_{T2} 旋转，吸收液流的动能，并将其转换为机械能，将动力经齿轮 Z_1 和 Z_3 传送给超越离合器。

导轮 D 是不旋转的。液流冲击导轮叶片时，使导轮产生一个大小相等、方向相反的反力矩，并通过液体反射给涡轮，使涡轮输出的力矩值改变。

涡轮 T_2 为向心式，动力可通过齿轮对 Z_3、Z_4 直接输出，主要用于高速、轻载的工况。涡轮 T_1 为轴流式，主要用于低速、重载的工况。涡轮 T_1 的动力必须通过滚柱将齿轮 Z_2 和 Z_4 楔紧成为一体才能输出。滚柱在弹簧的作用下，与外环齿轮 Z_2 的内圆、内环凸轮（它与齿轮 Z_4 固定为一体）的滚道面相接触。

5）传动路线。液力变矩器传动路线如图 3—3—7 所示。

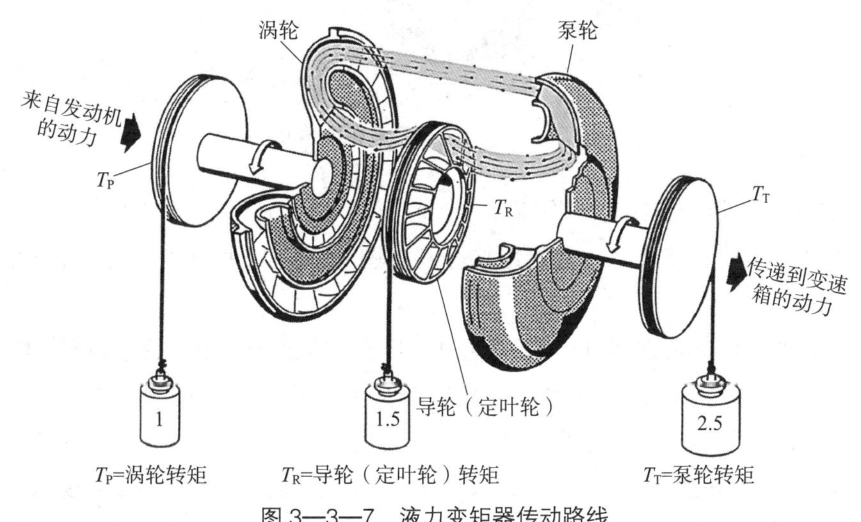

图 3—3—7　液力变矩器传动路线

双涡轮变矩器的动力传输路线：

柴油发动机飞轮 → 弹性板总成 → 罩轮 → 泵轮 B → 油液 →
- 涡轮 T_1 → 涡轮罩 → 涡轮毂 →
- 导轮 D → 油液 → 涡轮 T_2 → 铁芯 →

→ 超越离合器 → 中间输入轴

（2）变速箱结构及其工作原理

1）变速箱的总体结构。轮式装载机变速箱共有 2 个前进挡及 1 个倒挡，其中，前进二挡为直接传动挡，又称为直接挡，属于高速挡；其他 2 个挡中，一个是前进一挡，另一个是倒挡，均由行星变速机构变速。因此，该变速箱又称为行星式变速箱，如图 3—3—8 所示。下面结合图 3—3—4 所示轮式装载机的变矩器—变速箱总成结构，介绍变速箱的结构与工作原理。

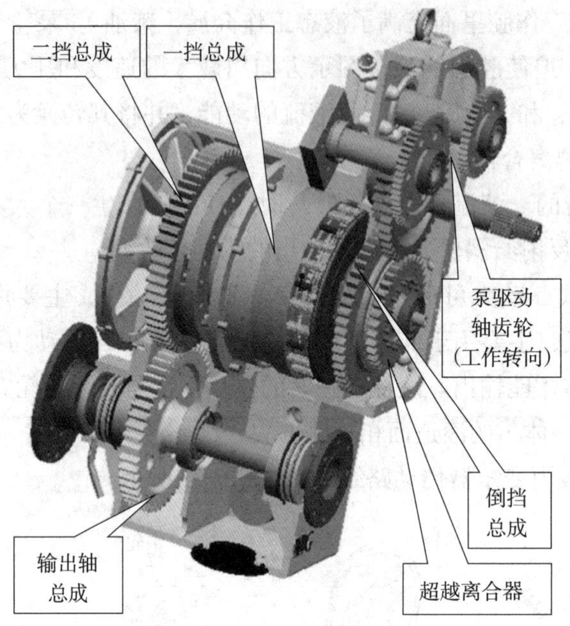

图 3—3—8　轮式装载机变速箱

2）一挡结构、传动路线与工作原理

①一挡结构与传动路线。一挡的结构分解如图 3—3—9a 所示，一挡的传动路线如图 3—3—9b 所示。

当变速阀的分配阀阀芯处于一挡位置时，压力油从变速阀进入变速箱箱体 4 上的一挡进油孔，流入一挡油缸 48，推动一挡活塞 49 左移，使一挡摩擦离合器 51 接合，将一挡行星机构中的内齿圈固定。根据一挡行星变速机构原理，因为内齿圈被固定，所以太阳轮 28 的动力传到一挡行星架 47 上；又因为一挡行星架 47 与直接挡连接盘 46 连接成一个整体，直接挡连接盘 46 与直接挡受压盘 45 用花键连接，因此动力从一挡行星架经直接挡连接盘，传到直接挡受压盘 45 处，其动力输出的旋转方向与直接挡（二挡）的输出方向相同。

②一挡工作原理。轮式装载机变速箱一挡行星传动机构的工作原理如图 3—3—10 所示。一挡内齿圈 50 与一挡摩擦离合器 51 的主动片用花键连接。操纵机构挂一挡时，一挡内齿圈 50 被一挡摩擦离合器 51 制动；太阳轮 28 转动，一方面是一挡行星轮 32 绕自身轴线自转，另一方面由于一挡内齿圈 50 被制动，使一挡行星架 47 与一挡行星轮 32 一起绕太阳轮 28 的轴线公转；动力从行星架输出，输出的方向与太阳轮旋转方向一致。

3）直接挡（二挡）结构、传动路线与工作原理

①直接挡（二挡）的结构与传动路线。直接挡（二挡）的结构分解如图 3—3—11a 所示。直接挡（二挡）的传动路线如图 3—3—11b 所示。

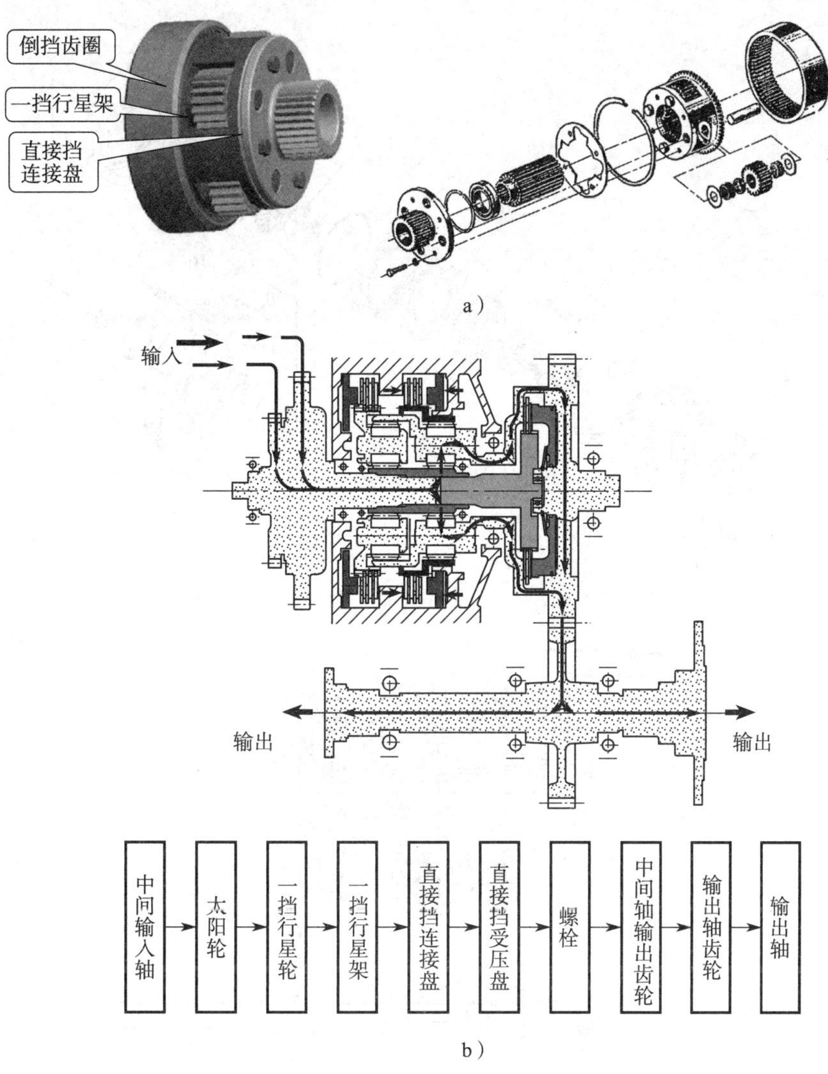

图 3—3—9　一挡的结构分解与传动路线
a）结构分解　b）传动路线

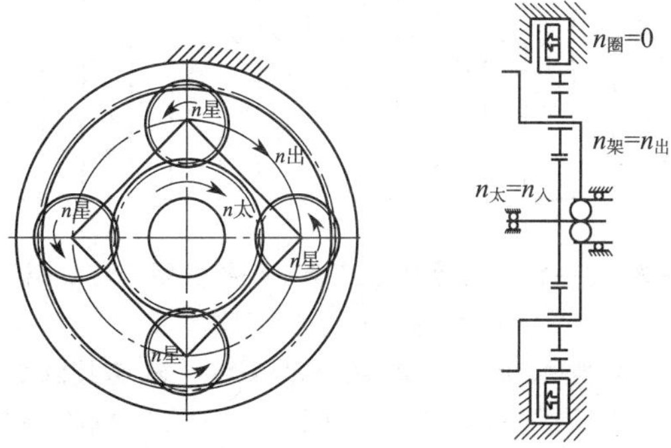

图 3—3—10　一挡行星传动机构工作原理（$n_{圈}=0$，$n_{太}=n_{入}$，$n_{架}=n_{出}$）

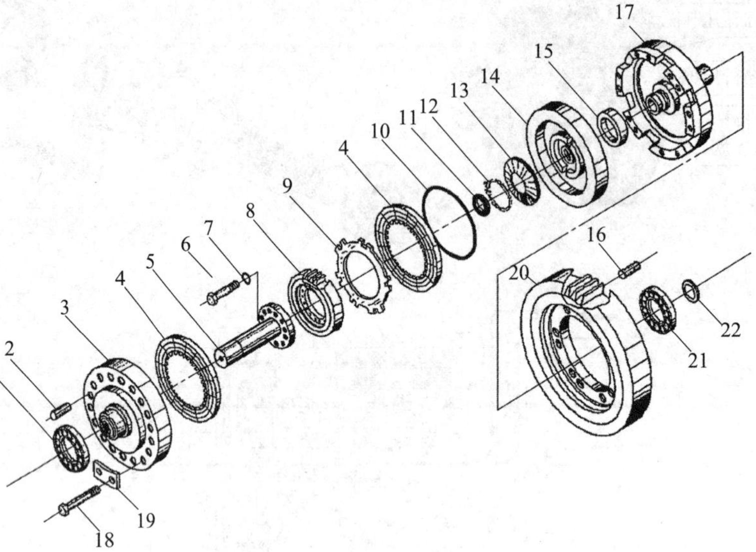

a）

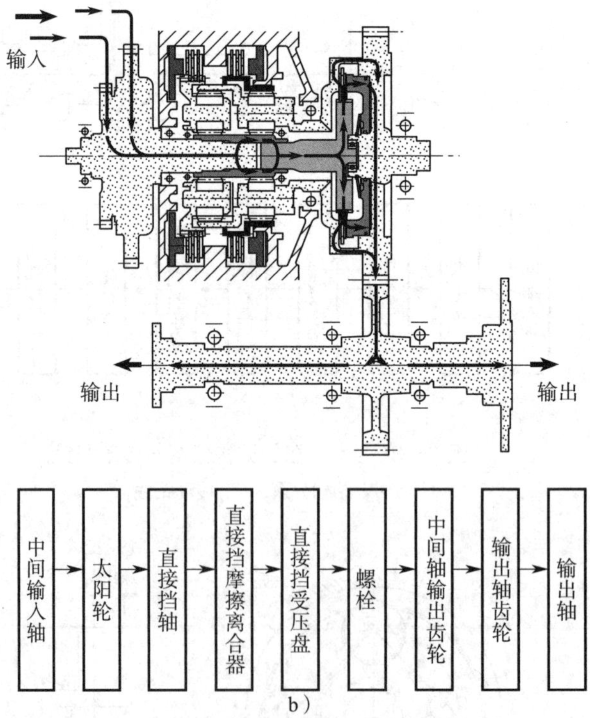

输入

输出　输出

中间输入轴 → 太阳轮 → 直接挡轴 → 直接挡摩擦离合器 → 直接挡受压盘 → 螺栓 → 中间轴输出齿轮 → 输出轴齿轮 → 输出轴

b）

图 3—3—11　直接挡（二挡）结构分解与传动路线

a）结构分解　b）传动路线

1—轴承　2—导向销　3—直接挡受压盘　4—直接挡主动摩擦片　5—直接挡轴　6、18—螺栓　7—垫圈　8—直接挡内齿圈　9—直接挡从动摩擦片　10—内密封环　11、21—轴承　12—挡圈　13—盘形弹簧　14—直接挡活塞　15—旋转油封　16—销　17—直接挡油缸　19—止动垫片　20—直接挡输出齿轮　22—旋转油封

②直接挡（二挡）的工作原理。如图 3—3—4 所示，当变速阀的分配阀芯处于直接挡位置时，压力油从变速阀进入变速箱箱体 4 上的直接挡进油孔，流入直接挡油缸，推动直接挡活塞 42 左移，使直接挡摩擦离合器 44 接合。直接挡受压盘 45、直接挡油缸、中间轴输出齿轮 36 用螺栓 43 连接在一起。其中，圆柱销固定在直接挡受压盘 45 上，用以传递直接挡摩擦离合器中间从动片的力矩，中间输入轴 25 传来的动力通过太阳轮 28，传入直接挡轴 41，由直接挡摩擦离合器 44 传到圆柱销、直接挡受压盘 45、螺栓 43、直接挡活塞 42 的圆柱销、中间轴输出齿轮 36，经输出轴齿轮 33 传入输出轴 34，实现轮式装载机的高速前进。

4）倒挡结构、传动路线与工作原理

①倒挡结构与传动路线。倒挡的结构分解如图 3—3—12a 所示，并结合图 3—3—4 一起看。如图 3—3—12b 所示为倒挡传动路线。

当变速阀的分配阀阀芯处于倒挡位置时，压力油从变速阀进入变速箱箱体 4 上的倒挡进油孔，流入变速箱箱体 4 上的倒挡油缸，推动倒挡活塞 54 右移，使倒挡摩擦离合器 53 接合，将倒挡行星机构中的行星架固定。根据倒挡行星变速机构的原理，行星架被固定，太阳轮 28 传来的动力经过行星轮从倒挡内齿圈 31 输出。而倒挡内齿圈与一挡行星架 47 是由内、外齿啮合连接成一个整体的，因此倒挡内齿圈的动力经一挡行星架、直接挡连接盘，传到直接挡受压盘，然后输出。其旋转方向与一挡、直接挡（二挡）相反，从而实现轮式装载机的倒退行驶。

②倒挡的工作原理。从图 3—3—4、图 3—3—12 中可以看出，轮式装载机倒挡行星排与一挡行星排结构相似，太阳轮 28 与一挡共用，4 个行星轮 29 也与一挡行星轮相似。区别在于一挡制动内齿圈，而倒挡制动行星架。倒挡内齿圈与一挡行星架 47 固定在一起。倒挡传动工作原理如图 3—3—13 所示。

倒挡摩擦离合器 53 的主动片通过花键与倒挡行星架 30 相连。操纵机构挂倒挡时，倒挡行星架 30 被制动，太阳轮 28 转动，倒挡行星轮迫使倒挡内齿圈 31 做与太阳轮方向相反的转动，动力从倒挡内齿圈输出，形成了与一挡、直接挡旋转方向相反的倒挡。

（3）变速操纵阀的结构及工作原理

变速操纵阀是轮式装载机变速箱离合器调压、变速与切断动力的专用控制阀。控制变速操纵阀可使变速箱分别处于空挡、一挡、直接挡（二挡）或倒挡位置，使主机实现变速。

变速操纵阀有 4 个功用：一是向变速箱内的制动器或离合器提供操纵用的稳定低压油（1.1 ~ 1.5 MPa）；二是把变速泵来油分成两路，一路通至变速阀组，另一路通至变矩器；三是起保护变速泵的安全阀的作用；四是压力油通过节流小孔 Y（图 3—3—14 中 A—A），使弹簧蓄能器起作用，以保证变速箱挡位离合器的摩擦片能迅速而平稳地接合。

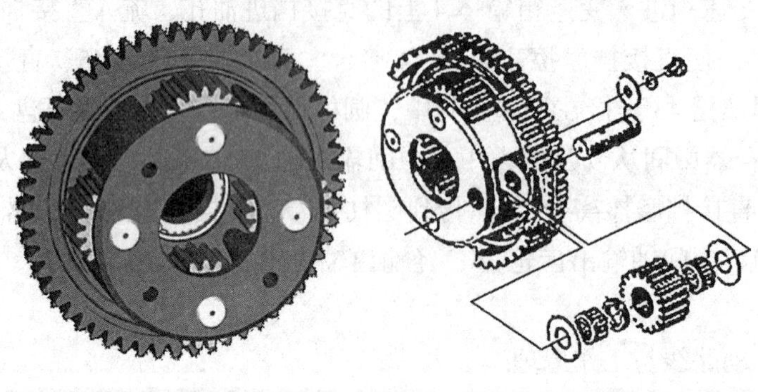

a）

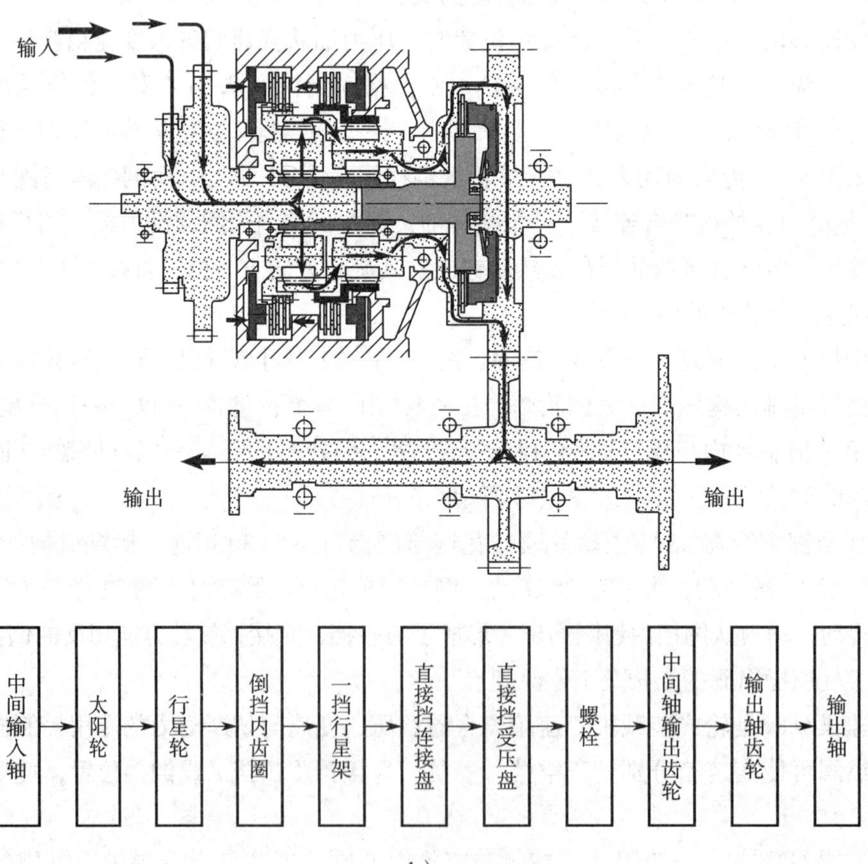

中间输入轴	→	太阳轮	→	行星轮	→	倒挡内齿圈	→	一挡行星架	→	直接挡连接盘	→	直接挡受压盘	→	螺栓	→	中间轴输出齿轮	→	输出轴齿轮	→	输出轴

b）

图 3—3—12 倒挡结构与传动路线

a）结构分解 b）传动路线

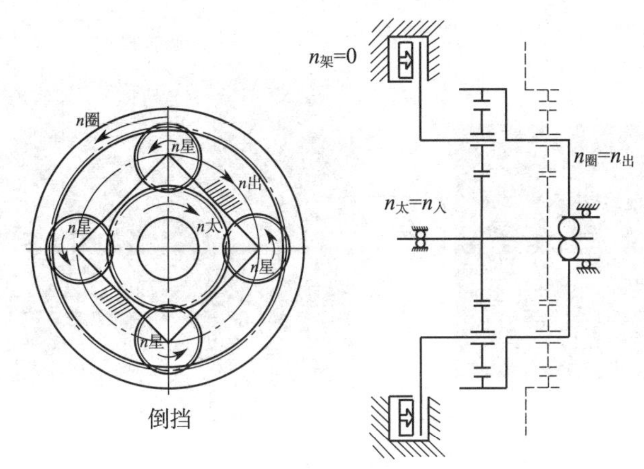

图 3—3—13　倒挡传动工作原理（$n_{架}=0$，$n_{太}=n_{入}$，$n_{圈}=n_{出}$）

变速操纵阀（图 3—3—14）主要由调压阀、切断阀、分配阀、弹簧蓄能器及阀体等组成。各阀及蓄能器的工作原理分述如下：

1）调压阀。如图 3—3—14 所示，调压阀由减压阀阀芯 1、弹簧 2、弹簧 3 及调压圈 4 等零件组成。减压阀阀芯 1 左端的压力与弹簧 2 的弹力平衡，弹簧 2 右端被蓄能器的柱塞 5 顶住。柱塞 5 除压缩弹簧 2 外，还压缩弹簧 3。*C* 腔为变速阀的进油口。*A* 腔和 *C* 腔通过减压阀阀芯 1 上的小节流孔相通，*B* 腔与油箱相通，*D* 腔与变矩器相通。当柴油机启动后，变速泵来油从 *C* 腔进入调压阀，油从油道 *F* 通过切断阀进入油道 *T*，通向分配阀。与此同时，压力油通过减压阀阀芯 1 上的节流小孔进入 *A* 腔，从 *A* 腔向减压阀阀芯 1 施压，使减压阀阀芯右移，打开与 *D* 腔相通的油道，使来自变速泵的压力油的一部分通向变矩器。油道 *T* 内的压力油经油道 *P* 进入弹簧蓄能器 *E* 腔，推动柱塞 5 左移，控制调压阀的压力，调压圈 4 防止油压过高。如果系统的油压继续升高而超过规定范围时，弹簧蓄能器的柱塞 5 已被调压圈 4 所限制，而 *A* 腔的压力随着油压的升高而升高，推动减压阀阀芯 1 右移，打开 *B*、*C* 腔的油道，使部分油流回油箱，压力不再升高，使系统压力保持在规定范围。调压阀既起着调压的作用，又起着安全阀的作用。

2）分配阀。如图 3—3—14 所示，分配阀由阀芯 12、弹簧 14、钢球 13 等零部件组成。分配阀阀芯 12 由弹簧 14 及钢球 13 定位。拨动分配阀阀芯，可使变速箱分别处于空挡、一挡、二挡或倒挡。*M*、*L*、*J* 腔分别与一挡、二挡及倒挡油缸相通，*N*、*K*、*H* 腔分别与油箱相通，*U*、*V*、*W* 腔始终与油道 *T* 相通。不同挡位时分配阀油路及油口见表 3—3—1。

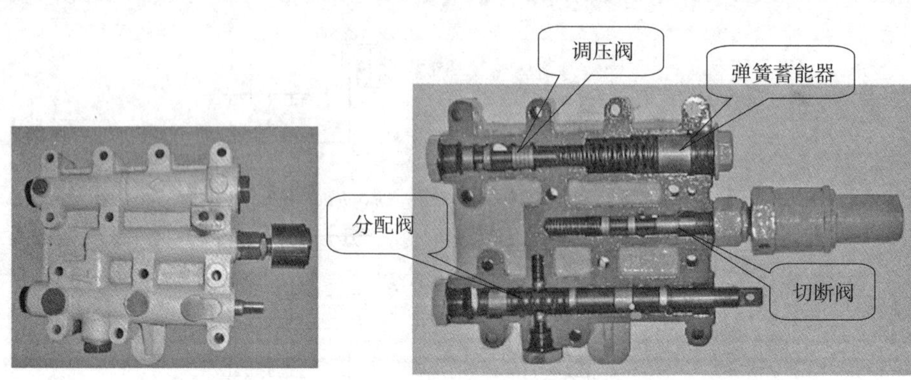

a）

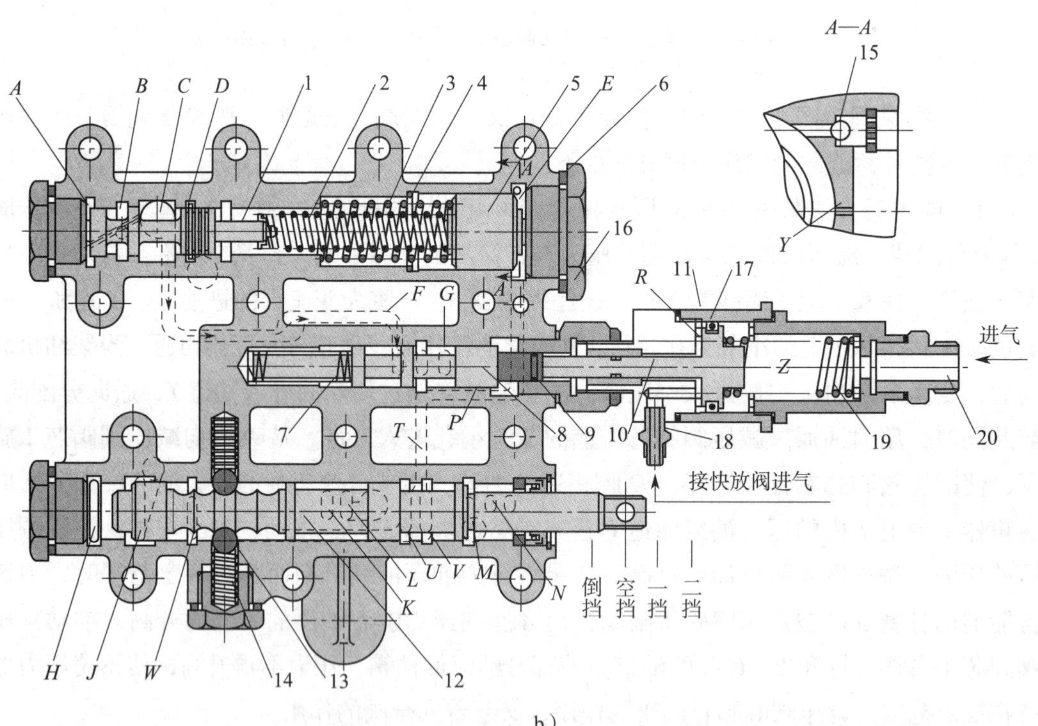

b）

图 3—3—14 变速操纵阀（带紧急制动结构）

a）实物图 b）结构图

1—减压阀阀芯 2、3、7、14、19—弹簧 4—调压圈 5—柱塞 6—垫圈 8—制动阀阀芯 9—圆柱塞 10—气阀阀芯 11—气阀阀体 12—分配阀阀芯 13—钢球 15—单向节流阀 16—螺塞 17—皮碗 18、20—接头

表 3—3—1　　不同挡位时分配阀油缸及油口

挡位	一挡			
油路图				
说明	供油口 V	一挡油缸工作	进油口 M	回油口 N
挡位	二挡			
油路图				
说明	供油口 U	二挡油缸工作	进油口 L	回油口 K
挡位	倒挡			
油路图				
说明	供油口 W	倒挡油缸	进油口 J	回油口 H

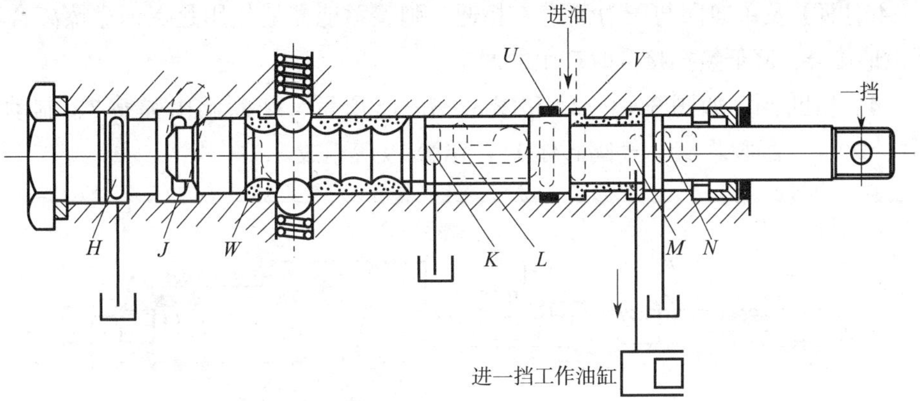

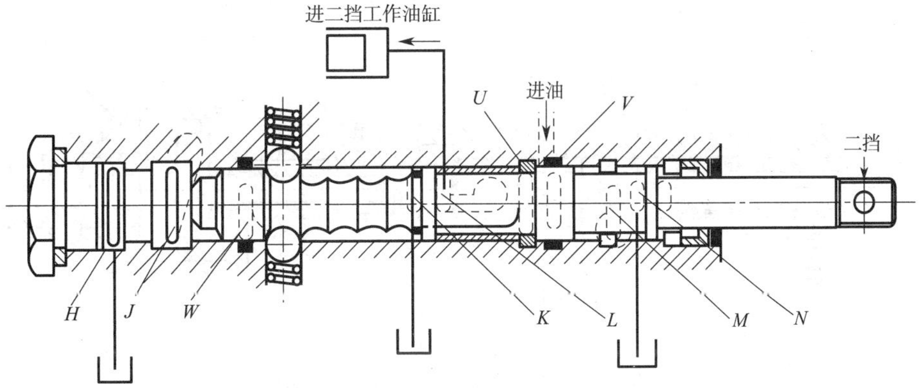

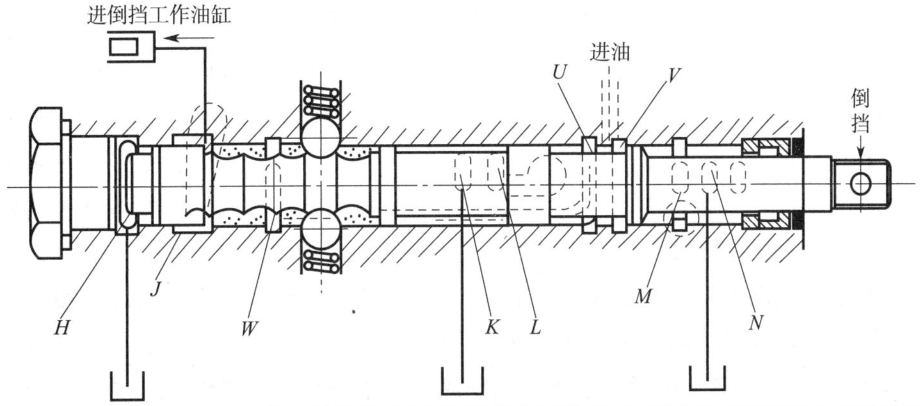

3）弹簧蓄能器。如图 3—3—14 所示，弹簧蓄能器由单向节流阀 15、蓄能器柱塞 5（滑块）等零件组成。弹簧蓄能器的 *E* 腔通过单向节流阀 15 的节流孔 *Y*（图 3—3—14 中 *A*—*A* 剖面）及单向阀与压力油道 *P* 相通。弹簧蓄能器的作用是保证摩擦离合器能迅速、平稳地接合，降低换挡接合时产生的冲击。

4）切断阀。如图 3—3—14 和图 3—3—15 所示，切断阀由弹簧 7、制动阀阀芯 8、圆柱塞 9、气阀阀芯 10、气阀阀体 11、弹簧 19 等组成。

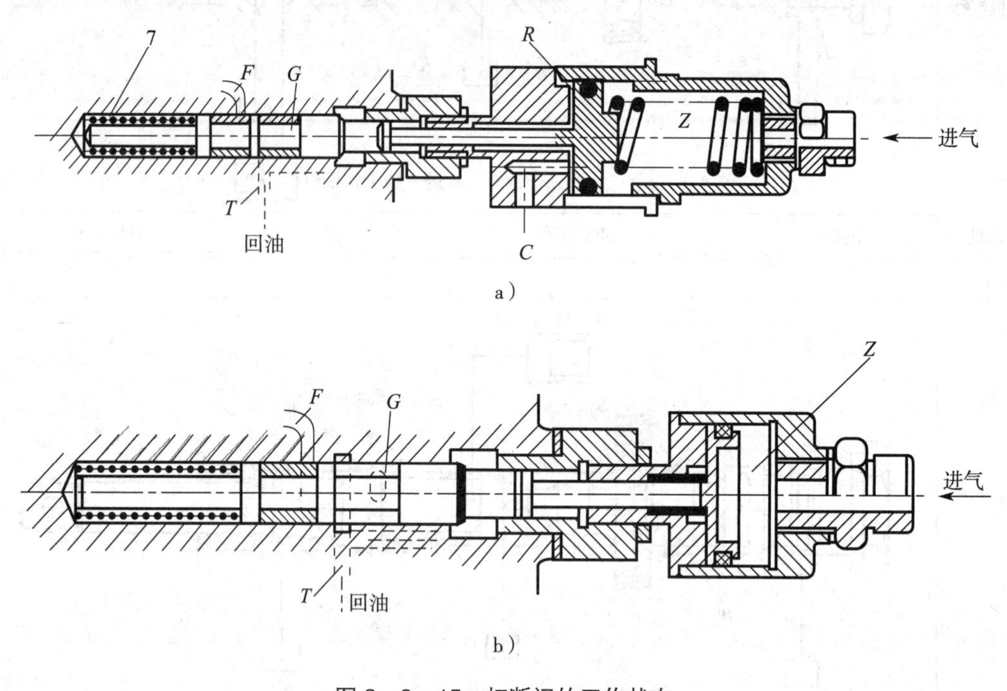

图 3—3—15　切断阀的工作状态
a）带紧急制动　b）不带紧急制动

如图 3—3—15 所示为切断阀的工作状态。在非制动情况下，*C* 口有气体进入气阀阀体 *R* 腔，推动气阀阀芯右移，压缩弹簧、制动阀阀芯处于右移极限位置，油道 *F* 与 *T* 相通，阀体内的 *G* 腔与油箱相通。行车制动时，*Z* 腔进入压缩空气（来自于制动系统）与 *R* 腔气压平衡，气阀阀芯、圆柱塞、制动阀阀芯在弹簧的作用下左移，使切断阀处于图 3—3—15a 所示的切断位置。当制动解除时，*Z* 腔无压缩空气，切断阀恢复初始位置，使装载机处于正常行驶状态。

带紧急制动的切断阀是从第二代轮式装载机发展起来的，目前已经逐步取代了不带紧急制动的切断阀。不带紧急制动的工作状态如图 3—3—15b 所示，它只有一个进气腔 *Z*，无气压时就相当于带紧急制动的切断阀 *R* 腔有压缩空气的情况，为正常行车状态；制动时 *Z* 腔进气，使切断阀处于切断位置，制动解除后马上恢复到行车位置。

（4）装载机变矩器—变速箱的液压系统

变速箱有 3 个油泵。变矩器泵轮与分动齿轮相连，分动齿轮又与变速油泵输入齿轮、转向油泵输入齿轮相啮合。工作油泵和变速油泵由变速油泵输入齿轮带动，转向油泵则由转向油泵输入齿轮带动。转向油泵和工作油泵分别向整机转向系统和工作系统供油，变矩器及变速操纵机构由变速油泵供油。

如图 3—3—16 所示，装载机行驶时，变速箱油底壳压力油由变速泵吸入，经管路滤清器（已连接旁通阀，其调定压力为 0.08～0.098 MPa，当滤清器堵塞时压力油可经旁通阀流出）进入变速阀中的减压阀，压力油从减压阀阀芯的小孔流至减压阀阀芯的上端，将阀芯下推；压力油一路经变矩器减压阀进入变矩器，另一路通过离合器切断阀进入变速阀。人为操纵变速阀阀芯，使压力油进入不同的离合器活塞缸，从而完成不同挡位的工作。同时，压力油经小孔进入压力阀下侧滑阀的下端，使滑阀上移，以实现稳定的控制（减压阀的调定压力为 1.1～1.5 MPa）。

行车制动时，气压进入离合器切断阀，推动气阀阀芯上移，使压力油从回油孔回到油箱。此时，滑阀下端的压力油被切断，油压弹簧顶开单向阀快速回油，活塞缸内压力油因油路接通油箱使离合器脱开，变速箱自动处于空挡状态。

变矩器的回油进入冷却器，经润滑压力阀（调定压力为 0.1～0.2 MPa）进入变速箱，进行润滑和冷却。

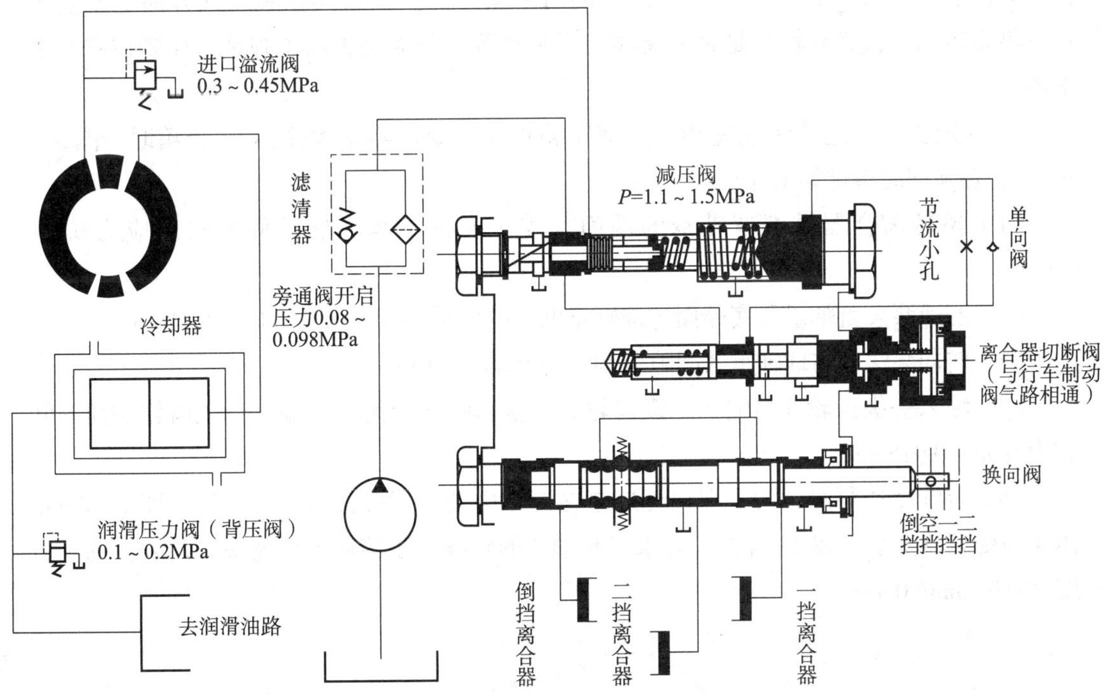

图 3—3—16　ZL50 型轮式装载机变速器液压系统原理图

二、装载机变矩器—变速箱装配技术要求与检测方法

1. 多片摩擦离合器是主动、从动（摩擦）片相间装配。一挡和倒挡的主动（摩擦）片各 4 片，从动（摩擦）片各 4 片。装配时，从动（摩擦）片与活塞接触。

2. 因为活塞与油缸依靠密封环密封，所以密封环的工作表面必须光滑，无伤痕。

3. 当安装中盖 35 时，必须检查一挡油缸 48 端面与中盖凸肩端面的间隙（图 3—3—4）。该间隙应为 0.04 ~ 0.12 mm，不能出现过盈配合。检测方法是：先取出弹簧 52 及弹簧销轴，测量一挡油缸端面与中盖贴合的箱体台肩端面高度，再测量中盖 35 凸肩的高度，两者之差即为间隙。然后，重新装好弹簧 52 及弹簧销轴。安装中盖时，8 个螺栓必须交替拧紧，各螺栓的拧紧程度一致。

4. 端盖 39 与轴承 40 两端面的间隙应为 0.05 ~ 0.4 mm。在安装端盖 39 之前，可检测轴承 40 端面与箱体端盖贴合面之间的距离，再测量端盖与箱体贴合面至端盖中轴承孔底端面之间的距离。两者应为间隙配合，不能出现过盈配合。

5. 装配超越离合器时，先检查压盖、内环凸轮、中间输入轴 25 各贴合面，不能有杂物、污物、毛刺等，不能碰伤凸块，保证它们正确贴合。超越离合器装配后应检查其可靠性。检查时，固定中间输入轴 25，用手扳动外环齿轮 26，在逆时针方向上转动时应轻快自如，而在顺时针方向转动时卡紧可靠。如果其在顺时针方向上不能卡紧，仍能转动，就必须检查是否漏装滚柱或弹簧等，压盖是否压紧弹簧，压紧位置是否正确。

6. 变矩器—变速箱装配完毕，变速箱箱体 4 与变矩器支承壳体 13 合箱时（图 3—3—4），必须同时满足如下几点：

（1）超越离合器轴端球轴承的端面与支承壳体轴承孔底端面的间隙应为 0.1 ~ 0.5 mm。

（2）变速泵泵盖轴承孔底端面与球轴承贴合的两端的间隙应为 0.03 ~ 0.15 mm。

（3）转向泵法兰与球轴承的间隙应调整为 0.05 ~ 0.15 mm。

（4）输入一级齿轮 5 与输入二级齿轮 8 用铜套隔开，铜套与输入一级齿轮端面的间隙为 0.06 ~ 0.015 mm。

（5）装配变速泵时，为了保证变速泵在工作中处于正确位置，合箱时（即变速箱箱体 4 与变矩器支承壳体 13 合箱）要求齿轮轴 3 的轴线对于箱体上变速泵安装表面的垂直度为 0.03 mm/80 mm。

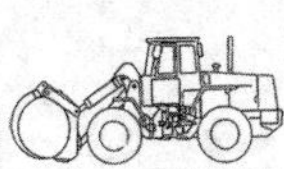

三、装配前的准备

1. 工作泵齿轮轴总成装配的准备（表 3—3—2）

表 3—3—2　　工作泵齿轮轴总成装配的准备清单

装配内容	零件名称	数量	设备、工具、辅具（料）
加热轴承 6210N	轴承 6210N	1	轴承感应加热器
装配工作泵齿轮轴与轴承	工作泵齿轮轴	1	铜棒、轴承装配专用工具

2. 转向泵齿轮轴总成装配的准备（表 3—3—3）

表 3—3—3　　转向泵齿轮轴总成装配的准备清单

装配内容	零件名称	数量	设备、工具、辅具（料）
加热轴承 6210N	轴承 6210N	1	轴承感应加热器
装配转向泵齿轮轴与轴承	转向泵齿轮轴	1	铜棒、轴承装配专用工具

3. 输入一二级齿轮总成装配的准备

（1）装配输入二级齿轮与轴承的准备清单（表 3—3—4）

表 3—3—4　　装配输入二级齿轮与轴承的准备清单

装配内容	零件名称	数量	设备、工具、辅具（料）
加热轴承 6016	轴承 6016	1	轴承感应加热器
装配输入二级齿轮与轴承	输入二级齿轮	1	平锉刀、油石

（2）组装输入一级齿轮与轴承的准备清单（表 3—3—5）

表 3—3—5　　组装输入一级齿轮与轴承的准备清单

装配内容	零件名称	数量	设备、工具、辅具（料）
加热轴承 6311	轴承 6311	1	轴承感应加热器
装配输入一级齿轮与轴承	输入一级齿轮	1	平锉刀、油石
装配一级齿轮总成花键与二级齿轮	二级齿轮	1	—

4. 变矩器总成装配的准备（表 3—3—6）

表 3—3—6　　变矩器总成装配的准备清单

装配内容	零件名称	数量	设备、工具、辅具（料）
确定变矩器	变矩器	1	—
装配工作泵、转向泵齿轮轴	工作泵齿轮轴	1	测力扳手
	转向泵齿轮轴	1	测力扳手
检测、选配内花键调整垫片	垫片	若干	游标深度尺
装配输入一级、二级齿轮	垫片	若干	铜棒
	ZL40A.30.1—8 旋转油封	1	铜棒
	ZL40A.30.1—9 旋转油封	1	铜棒
	轴承 51111	1	铜棒
	输入一级齿轮总成	1	铜棒
检测尺寸并合箱	垫片	若干	游标深度尺、平垫铁、垫块

5. 一挡行星架总成装配的准备（表 3—3—7）

表 3—3—7　　一挡行星架总成装配的准备清单

装配内容	零件名称	数量	设备、工具、辅具（料）
组装行星轮	行星轮	4	黄油
	滚针	22	黄油、旋具
	隔离套	1	铜棒
组装行星轮轴与止动盘	垫片	2	—
	行星轮	4	铜棒
	行星轮轴	4	旋具、铜棒
	止动盘	1	铜棒、旋具
装配轴承	轴承		专用工具
装配直接挡连接盘	直接挡连接盘	1	铜棒、旋具
装配螺栓	螺栓	4	快速扳手
	垫圈	4	
装配倒挡内齿圈	内齿圈	1	—

6. 倒挡行星架总成装配的准备（表 3—3—8）

表 3—3—8　　倒挡行星架总成装配的准备清单

装配内容	零件名称	数量	设备、工具、辅具（料）
组装行星轮	行星轮	4	黄油
	滚针	22	黄油、旋具
	隔离套	2	铜棒、黄油
	垫片	8	铜棒、黄油
装配行星轮组件、倒挡行星架	倒挡行星架	1	锉刀、铜棒
	行星轮	4	铜棒、黄油
	轴	4	
装配螺栓、轴承	止动垫片	1	力矩扳手、黄油
	螺栓 M8 × 12	4	
	轴承 6010E	1	铜棒

7. 二挡总成装配的准备（表 3—3—9）

表 3—3—9　　二挡总成装配的准备清单

装配内容	零件名称	数量	设备、工具、辅具（料）
组装直接挡轴与二挡活塞总成	垫圈、螺栓	各 1	—
	直接挡轴、二挡内齿圈	各 1	铜棒
	螺栓 M10 × 20	2	力矩扳手
	内密封环、直接挡活塞	1	抹布、黄油
	旋转油封	1	黄油
组装直接挡受压盘总成	直接挡受压盘	1	—
	轴承 6022	1	感应加热器
	直接挡受压盘轴颈	1	铜棒
装配轴承 6312、二挡活塞及盘形弹簧等	滚动轴承 6312	1	铜棒
	导向销	6	专用工装、黄油
	二挡活塞总成	1 组	—
	盘形弹簧、ϕ70 mm 外圈	各 1	—
	挡圈		外卡钳
装配直接挡总成及主、从动摩擦片	轴承 6204		铜棒
	主动摩擦片	3	—
	从动摩擦片	4	—

续表

装配内容	零件名称	数量	设备、工具、辅具（料）
装配直接挡受压盘总成及连接螺栓等	导向销		—
	螺栓 M12×25×100	2	风动扳手、力矩扳手
	止动垫片	1	錾子、铜棒

8. 隔离架总成装配的准备（表 3—3—10）

表 3—3—10 隔离架总成装配的准备清单

装配内容	零件名称	数量	设备、工具、辅具（料）
将摩擦片隔离架及圆柱销用棉布擦净	摩擦片隔离架	1	棉布、锉刀
	圆柱销	8	圆柱销装配专用工具

四、技能训练

轮式装载机变矩器—变速箱的装配分为部件装配和总装装配，部件装配包括工作泵齿轮轴总成装配、转向泵齿轮轴总成装配、输入二级齿轮与轴承装配、输入一级齿轮与轴承装配、变矩器总成装配、一挡行星架总成装配、倒挡行星架总成装配、二挡总成装配、隔离架总成装配。总装装配包括箱体上线及确认、五轴总成装配、小法兰装配、超越离合器装配、双变合箱操作、变速泵装配、倒挡总成装配、一挡总成装配、中盖装配、变速阀装配、直接挡（二挡）总成装配、端盖装配、大法兰装配、油底壳及手动制动器装配。

1. 部件总成的装配操作

（1）工作泵齿轮轴总成装配（表 3—3—11）

表 3—3—11 工作泵齿轮轴总成装配

工艺步骤	操作图示	操作说明	注意事项
加热轴承 6210N		确认轴承 6210N 型号，将轴承 6210N 穿入轴承感应加热器的旋转梁上加热	如果轴承内、外圈滚道及保持架有变形、裂纹、锈蚀等缺陷，严禁使用

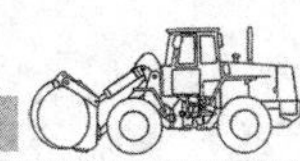

续表

工艺步骤	操作图示	操作说明	注意事项
装配工作泵齿轮轴与轴承		轴承 6210N 加热完毕，立即装配到工作泵齿轮轴上 轴承装配到位，应转动自如。轴承应与轴的定位部位贴紧，轴承标记端向外	装配前，检查并确认工作泵齿轮轴轴承装配面无磕碰、划伤。如果非关键部位有磕碰、划伤，允许用平锉刀或油石打磨

（2）转向泵齿轮轴总成装配（表 3—3—12）

表 3—3—12　　转向泵齿轮轴总成装配

工艺步骤	操作图示	操作说明	注意事项
加热轴承 6210N		确认轴承 6210N 型号，将轴承 6210N 穿入轴承感应加热器的旋转梁上加热	如果轴承内、外圈滚道及保持架有变形、裂纹、锈蚀等缺陷，严禁使用
装配转向泵齿轮轴与轴承		轴承 6210N 加热完毕，立即装配到转向泵齿轮轴上 轴承装配到位，应转动自如。轴承应与轴的定位部位贴紧，轴承标记端向外	装配前，检查并确认转向泵齿轮轴轴承装配面无磕碰、划伤。如果非关键部位有磕碰、划伤，允许用平锉刀或油石打磨

（3）输入二级齿轮与轴承装配（表 3—3—13）

表 3—3—13　　输入二级齿轮与轴承装配

工艺步骤	操作图示	操作说明	注意事项
加热轴承 6016	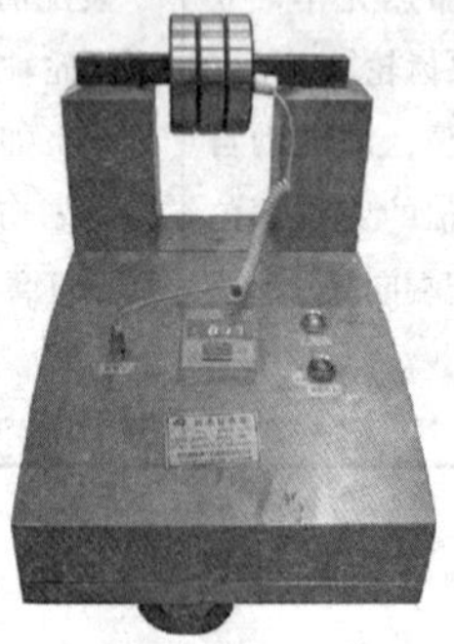	确认轴承 6016 型号，将轴承 6016 穿入轴承感应加热器的旋转梁上加热	如果轴承内、外圈滚道及保持架有变形、裂纹、锈蚀等缺陷，严禁使用
装配输入二级齿轮与轴承		轴承 6016 加热完毕，立即装配到输入二级齿轮上 轴承装配到位，应转动自如。轴承应与轴的定位部位贴紧，轴承标记端向外	装配前，应检查并确认二级齿轮轴承装配面无磕碰、划伤。如果非关键部位有磕碰、划伤，允许用平锉刀或油石打磨

（4）输入一级齿轮与轴承装配（表 3—3—14）

表 3—3—14　　输入一级齿轮与轴承装配

工艺步骤	操作图示	操作说明	注意事项
加热轴承 6311		确认轴承 6311 型号，将轴承 6311 穿入轴承感应加热器的旋转梁上加热	如果轴承内、外圈滚道及保持架有变形、裂纹、锈蚀等缺陷，严禁使用

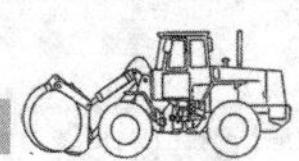

续表

工艺步骤	操作图示	操作说明	注意事项
装配输入一级齿轮与轴承		轴承6311加热完毕，立即装配到输入一级齿轮上 轴承装配到位，应转动自如。轴承应与轴的定位部位贴紧，轴承标记端向外	装配前，检查并确认一级齿轮轴承装配面无磕碰、划伤。如果非关键部位有磕碰、划伤，允许用平锉刀或油石打磨

（5）变矩器总成装配（表3—3—15）

表3—3—15　　变矩器总成装配

工艺步骤	操作图示	操作说明	注意事项
确认变矩器		检查并确认变矩器整洁，无砂眼	—
装配工作泵、转向泵齿轮轴	转向泵齿轮轴 工作泵齿轮轴	将工作泵、转向泵齿轮轴总成规范放置到变矩器相应的装配部位，并用铜棒装配到位 装配后，工作泵齿轮轴与转向泵齿轮轴应转动平稳	转向泵齿轮轴总成应放置平稳，严禁磕碰轴承
测量、选配内花键调整垫片	专用量具 L_1	将专用量具放在导轮座ϕ125K7孔内 用游标深度尺测量专用量具右端面至挡圈处的距离 计算出尺寸L_1	确保尺寸测量准确，尺寸计算无误

续表

工艺步骤	操作图示	操作说明	注意事项
测量、选配内花键调整垫片	 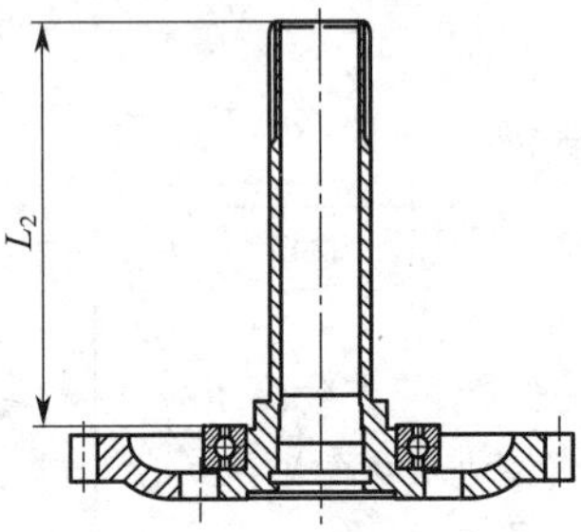 L_2	用游标深度尺测量输入二级齿轮花键端面至轴承6016靠近花键端面的距离 L_2	—
		正确选择内花键调整垫片，控制间隙尺寸 A_1。变矩器自带花键调整垫片厚度 $A_1=L_1-L_2-\delta$，应为0.2～0.5 mm	内花键调整垫片无毛刺、卷边 如果间隙尺寸 A_1 不在合理范围内，应根据计算结果选择合适的内花键调整垫片进行调整
装配输入一级、二级齿轮		装配前检查旋转油封无误，将其装配至导轮座槽内 旋转油封完全装入槽内，槽口朝下，无扭曲 装配后，油封表面均匀涂抹适量润滑脂	检查旋转油封，如果其损坏，有飞边或尺寸不等，严禁装配

续表

工艺步骤	操作图示	操作说明	注意事项
装配输入一级、二级齿轮总成	 输入二级齿轮总成	装配输入二级齿轮总成 转动输入二级齿轮总成，应转动平稳	—
	  输入一级齿轮总成	装配轴承 51111 及输入一级齿轮总成	轴承装配方向正确（紧环朝上，松环朝下）

（6）一挡行星架总成装配（表 3—3—16）

表 3—3—16　　一挡行星架总成装配

工艺步骤	操作图示	操作说明	注意事项
组装行星轮		行星轮水平放置（端面朝上），用铜棒将隔离套装配到位（隔离套上表面与行星轮上端面平齐）	—

续表

工艺步骤	操作图示	操作说明	注意事项
组装行星轮		翻转行星轮，在行星轮孔内均匀涂抹适量的润滑脂	润滑脂的量以能黏住滚针为宜
	 滚针	将滚针均匀装在行星轮内孔壁上	应采用同一批次、同一包装盒内的滚针 滚针 22 个为一组，应分布均匀，装配后滚针端面不能超出行星轮端面
	 隔离套	行星轮上端装配隔离套 用铜棒将隔套装配到行星轮上端，使隔离套上表面与行星轮上端面平齐	—
组装行星轮轴与止动盘	 垫片	将 2 个垫片分别放置在行星轮总成上下端面	垫片油槽侧朝向行星轮端面
	 行星架	检查一挡行星架的装配面，应光滑，无毛刺，各油道孔口和行星轮轴孔无毛刺；否则，应用锉刀打磨光滑 将装配好的行星轮总成放入一挡行星架内	防止滚针从行星轮总成中掉出

续表

工艺步骤	操作图示	操作说明	注意事项
组装行星轮轴与止动盘		先用旋具调整行星轮总成中心，使其重合 接着，用压缩空气检查一挡行星轮轴油道是否贯通 然后，装配 4 组行星轮轴	装配时行星轮轴槽口应露出行星轮轴孔 油道不贯通的行星轮轴严禁装配
	 行星轮轴　止动盘	调整止动盘与行星轮轴槽口的相对位置，然后装配止动盘	—
装配轴承	 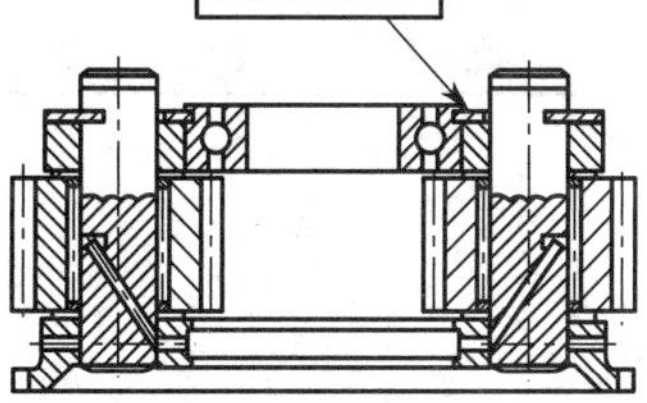 挡圈端朝上	用专用工具将轴承装入一挡行星齿轮孔内 装配完毕，轴承应转动灵活	—
装配直接挡连接盘	 直接挡连接盘	装配直接挡连接盘，调整直接挡连接盘与一挡行星架的相对位置，尽量使轴线保持在同一条直线上	—

续表

工艺步骤	操作图示	操作说明	注意事项
装配螺栓		装配螺栓、垫圈	装配螺栓时，严禁使用气动扳手，可以选用快速扳手
装配倒挡内齿圈	 倒挡内齿圈	将倒挡内齿圈放置到专用固定工作台上，与一挡行星架外齿处于啮合位置，完成倒挡内齿圈、挡圈的装配	—
		按照规定力矩给螺栓加力拧紧	拧紧力矩 90 ~ 104 N · m

（7）倒挡行星架总成装配（表 3—3—17）

表 3—3—17　倒挡行星架总成装配

工艺步骤	操作图示	操作说明	注意事项
组装行星轮		行星轮端面朝上水平放置，用铜棒将隔离套装配到位，使隔离套上表面与行星轮上端面平齐	—

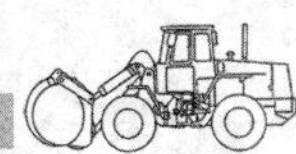

续表

工艺步骤	操作图示	操作说明	注意事项
组装行星轮		翻转行星轮，在行星轮孔内均匀涂抹适量的润滑脂	润滑脂的量以能黏住滚针为宜
		将滚针均匀装在行星轮内孔壁上	应采用同一批次、同一包装盒内的滚针 滚针 22 个为一组，应分布均匀，装配后滚针端面不能超出行星轮端面
		用铜棒将隔套装配到行星轮上端，使隔离套上表面与行星轮上端面平齐	—
装配行星轮组件、倒挡行星架		将 2 个垫片分别放置在行星轮总成的上、下端面	垫片的油槽面应与行星轮端面配合

续表

工艺步骤	操作图示	操作说明	注意事项
装配行星轮组件、倒挡行星架		将已装配好的行星轮总成装入倒挡行星架内	装配过程中，应确保滚针无掉落
	 倒挡行星架	调整行星轮与倒挡行星架，使倒挡行星架内孔、行星轮内孔与垫片内孔全部对齐	保证滚针无遗漏
		将行星轴装配到位	装配时保持整体各件内孔对齐，不损伤任何零件
装配螺栓、轴承	  止动垫片	装配止动垫片，将平口侧插入行星轴的槽内 用螺栓 M8 × 12 mm、垫圈固定，按照规定力矩拧紧螺栓	螺栓的拧紧力矩为 22 ~ 35 N · m

续表

工艺步骤	操作图示	操作说明	注意事项
装配螺栓、轴承		将轴承 6010E 的标记端向上，用轴承装配辅具将轴承外圈装配至行星架孔内 轴承装配到位，并且用手转动内圈平稳灵活、无卡滞	—
		将装配后的倒挡行星架规范、整齐地放置到板连线上，待装	—

（8）二挡总成装配（表 3—3—18）

表 3—3—18　　二挡总成装配

工艺步骤	操作图示	操作说明	注意事项
组装直接挡轴与二挡活塞总成		连接直接挡轴和二挡内齿圈，装配垫圈、螺栓，并按照规定原则和力矩拧紧螺栓	按照交叉对称原则轮番拧紧螺栓 螺栓拧紧力矩为 45 ~ 59 N · m
		将内密封环装配到直接挡活塞槽内	—

续表

工艺步骤	操作图示	操作说明	注意事项
组装直接挡轴与二挡活塞总成	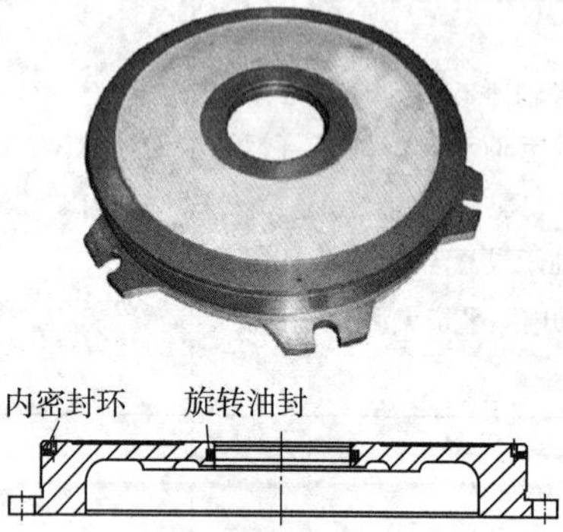 内密封环 旋转油封	将旋转油封装配到直接挡活塞槽内。装配后，旋转油封周围凸出部位高度一致 在内密封环与旋转油封工作表面均匀涂抹适量润滑脂，无堆积及漏涂	保证旋转油封装配方向正确
装配轴承6022	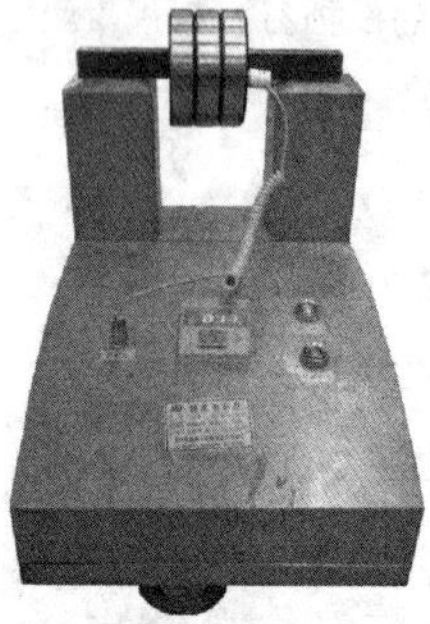	在轴承感应加热器上加热轴承6022，一次可加热1~3件	轴承内圈加热温度控制在90~100℃(显示温度)，不允许出现过热现象
		将加热完毕的轴承6022立即用专用工具装配到直接挡受压盘轴颈上	轴承装配平稳，不得歪斜；轴承标记端朝上
装配导向销		将直接挡的中间轴输出齿轮总成吊装至托盘上，放置平稳，按启动按钮，托盘移至压销工位	吊装输出齿轮总成至托盘上时谨防磕碰
		将6个导向销朝上装至压力机上压头工装的导向销孔内	装配导向销时，不得歪斜、漏装，目测导向销露出长度一致

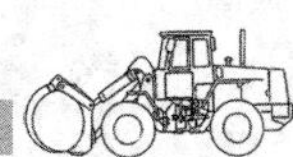

续表

工艺步骤	操作图示	操作说明	注意事项
装配导向销		启动压力机，将导向销压装到位	保证导向销与工件的导销孔对齐后压装 保证导向销高度为 29.5 mm
装配盘形弹簧等	活塞总成 导向销	如左图所示，将直接挡活塞总成装配到中间轴输出齿轮总成内	放置时活塞上泄油孔与直接挡油缸泄油孔遵循最远距离原则
	盘形弹簧	将盘形弹簧套在 ϕ70 mm 外圈上	盘形弹簧放置平稳，无歪斜 盘形弹簧上端面高于挡圈槽的下端面
	挡圈	用外卡簧钳将挡圈装配在宽度为 2.7 mm 的槽内	确定盘形弹簧装配后应有一定的压缩量
装配主、从动摩擦片	轴承	将轴承 6204 装配到 ϕ47 mm 孔内，轴承带标记侧朝外，装配后转动灵活	如果轴承内、外圈滚道有变形、裂纹、锈蚀等缺陷，严禁装配 装配前，用手转动轴承内圈，应转动灵活；否则，严禁装配

续表

工艺步骤	操作图示	操作说明	注意事项
装配主、从动摩擦片	 直接挡总成	将装配完成的直接挡总成装配到中间轴输出齿轮总成中	—
	 摩擦片	二挡摩擦片按照“从动、主动、从动、主动”的叠加顺序装配	主动、从动摩擦片应无变形，主动片摩擦材料应无脱落现象；否则，严禁装配
	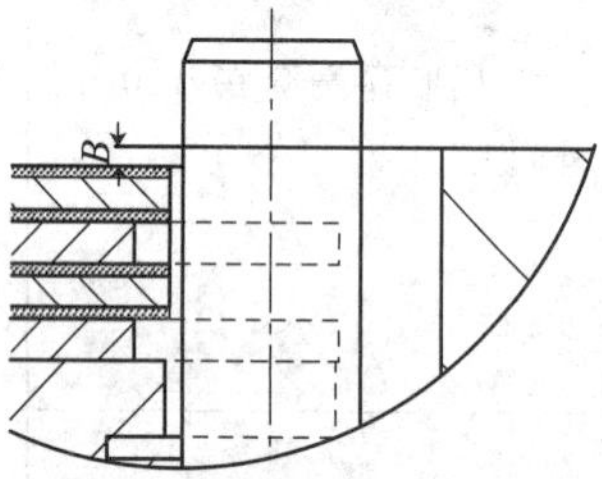 B	装配后测量摩擦片上端面至直接挡油缸上端面尺寸（活塞行程）B=1.5～1.9 mm；否则，更换摩擦片	—
装配二挡（直接挡）总成	 受压盘总成	用铜棒平稳装配直接挡受压盘总成	直接挡受压盘方向正确，平稳放置，定位销孔与直接挡油缸定位销孔对齐
		装配螺栓 M12×25 mm×100 mm 及止动垫片，连接直接挡受压盘与中间轴输出齿轮总成	按照“对称渐进”原则拧紧螺栓

续表

工艺步骤	操作图示	操作说明	注意事项
装配二挡（直接挡）总成		用錾子和铜棒将止动垫片折弯，靠紧螺栓	折弯止动垫片时谨防錾子碰伤轴承
		按启动按钮，将二挡总成翻转 180°	翻转时，注意将总成可靠夹紧，避免不安全因素
	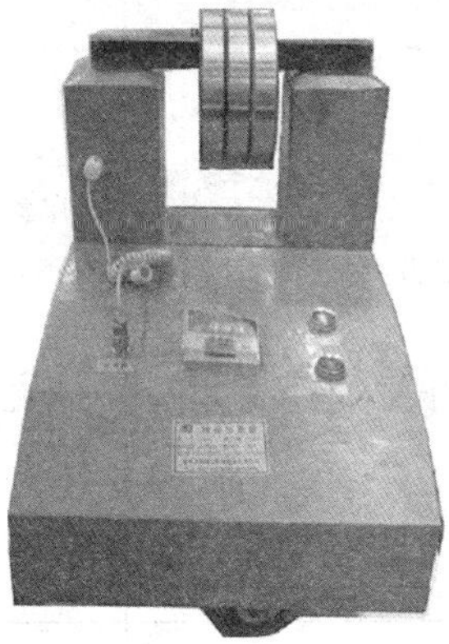	在轴承加热器上加热轴承 6312，轴承一次加热 1 ~ 3 件	轴承内圈加热温度控制在 90 ~ 100 ℃（显示温度），不允许出现过热现象
		将加热完毕的轴承 6312 立即装配 轴承装配后应转动灵活，无卡滞 装配完毕，放置在线上待装	轴承标记端朝上，放置平稳，不得歪斜

（9）隔离架总成的装配操作（表 3—3—19）

表 3—3—19　　　　隔离架总成的装配操作

工艺步骤	操作图示	操作说明	注意事项
零件准备	 圆柱销  摩擦片隔离架	用棉布将摩擦片隔离架及圆柱销擦净	擦拭干净后，检查并确认零件上没有遗留棉布线头等
插入圆柱销		将摩擦片隔离架放置到压力机工作台上定位，并将圆柱销小端插入隔离架的销孔内，保持垂直	摩擦片隔离架放置方向正确，定位稳定可靠（插销定位） 圆柱销装配方向正确
压装圆柱销		启动压力机，将圆柱销压装到位 装配后保证部件表面清洁	压装圆柱销时，不得歪斜，不得强行装配，确保压装到位 装配后保证圆柱销外露部分尺寸 $L=(38.50\pm0.5)$ mm
上线待装		将装配后的摩擦片隔离架单层放置到线上，排放整齐，待装	—

2. 总装装配过程

（1）箱体上线及确认的操作（表 3—3—20）

表 3—3—20　　箱体上线及确认的操作

工艺步骤	操作图示	操作说明	注意事项
装配支架及吊环螺钉		将吊环螺钉装配到箱体上并拧紧	确保吊装安全可靠，无安全隐患
		装配前，在螺栓的螺纹表面涂抹螺纹胶 装配变速箱支架，按规定力矩紧固螺栓	螺栓 M18×40 的拧紧力矩为 180～200 N·m
		如左图所示，将箱体稳定、可靠地放置到电动运输车上	箱体放置要稳定、可靠
在托盘上紧固箱体		将箱体吊装至装配线，并平稳地放置在托盘上	—

续表

工艺步骤	操作图示	操作说明	注意事项
在托盘上坚固箱体		箱体支架孔口与螺栓对齐，用螺母将箱体连接在托盘上，并用油压脉冲工具紧固	—
		按启动按钮，箱体逆时针翻转90°，使箱体中 T_1 面（双变合箱面）垂直向下	—
装配轴承6312		将轴承6312放置在箱体五轴筋板的孔中	轴承放置平稳，不得歪斜，且标记端朝上
	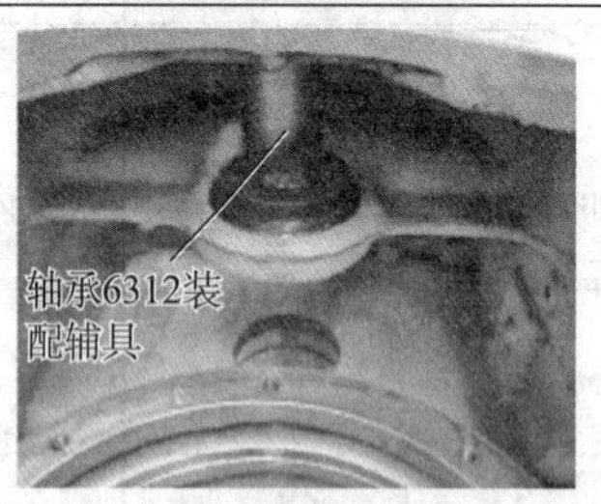	用专用工具装配轴承外圈，将轴承装配到位	装配过程中，轴承四周同步装配到位，严禁歪斜、强行装配
转工位，待装		托盘放行，转到下一个工位，待装	—

（2）五轴总成的装配操作（表3—3—21）

表 3—3—21　五轴总成的装配操作

工艺步骤	操作图示	操作说明	注意事项
装配输出轴总成		装配输出轴齿轮	放置过程中不要磕碰齿轮及箱体
		将输出轴总成带轴承端向上，垂直放入箱体五轴孔内，同时旋转输出轴总成，让 2 个花键自然配合	严禁强行装配
		移动在线压装机，将下压头从箱体油底壳孔伸进箱体肋板底部的配合部位，充分接触	—
		在安全状态下启动压装机，按住压装机启动按钮，将 2 处配合压装到位，退出压装机	压装完毕，应将压装机移至装配线外
装配挡圈、油封座总成	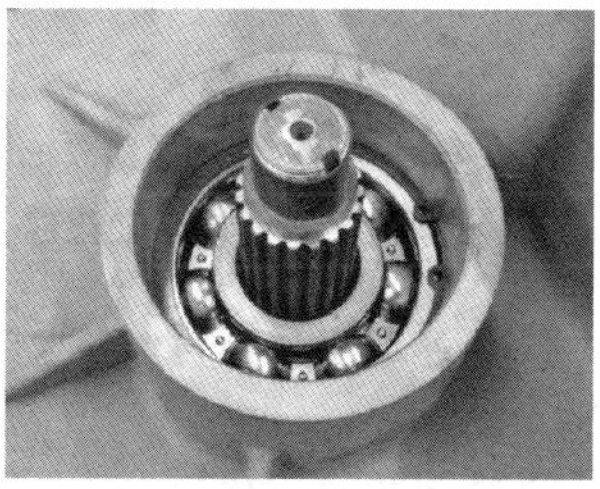	在箱体上装配挡圈 130	—

续表

工艺步骤	操作图示	操作说明	注意事项
装配挡圈、油封座总成		将油封座总成水平放入箱体，平稳装配	在油封座装配过程中确保油封、O 形圈无划伤
	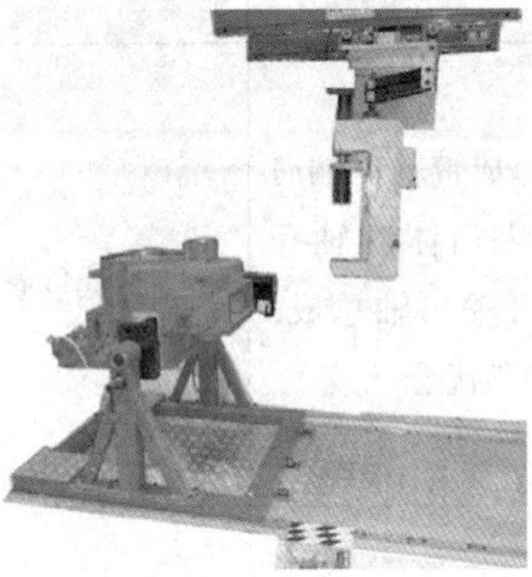	托盘放行，转入下一个工位，待装	—

（3）小法兰的装配操作（表 3—3—22）

表 3—3—22　　小法兰的装配操作

工艺步骤	操作图示	操作说明	注意事项
装配隔套、轴承		将箱体翻转 180°，使与变矩器装配配合面朝上。翻转到位后，用定位销将翻转机构锁死	—
		放入隔套	平稳放入隔套，不得磕碰输出轴花键

续表

工艺步骤	操作图示	操作说明	注意事项
装配隔套、轴承		用专用工具装配轴承 6410，轴承标记端向外	轴承放置平稳，不得歪斜
		装配挡圈 130，挡圈应完全卡入槽内	—
装配油封座、法兰		如左图所示，将油封座总成水平放入，平稳装配	装配前，检查并确认 O 形圈无划伤 油封座装配方向正确
		装配法兰	装配时，平稳放入法兰，油封唇口部位不得损坏，弹簧完整且无损伤

续表

工艺步骤	操作图示	操作说明	注意事项
装配油封座、法兰	 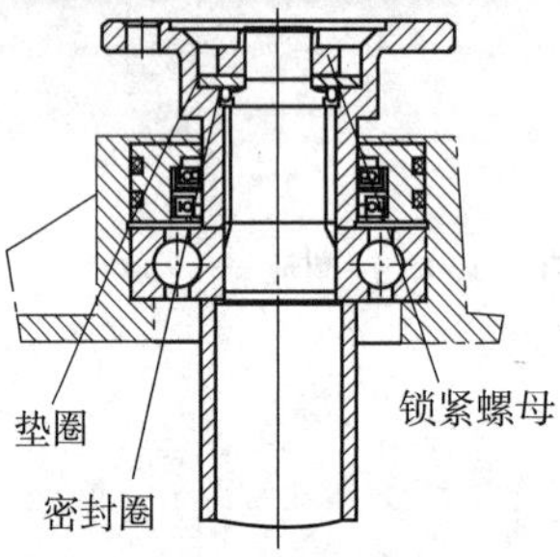	装配密封圈；在垫圈与法兰贴合面涂抹平面硅胶，胶线均匀并形成连续曲线；装配垫圈及锁紧螺母	密封圈放置到位 胶线直径约为 3 mm
		用拧紧机按照规定力矩拧紧锁紧螺母，直至拧紧机上绿色指示灯亮，方可停止拧紧 拧紧后用錾子将螺母上部嵌入输出轴端部两凹槽	锁紧螺母拧紧力矩为 300 ~ 350 N · m 螺母锁紧应牢靠、到位
转工位，待装		托盘放行，转入下一个工位，待装	—

（4）超越离合器的装配操作（表 3—3—23）

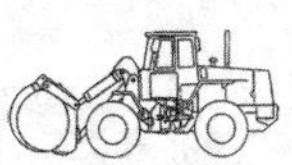

表 3—3—23　　超越离合器的装配操作

工艺步骤	操作图示	操作说明	注意事项
装配接头等		在箱体上装配接头，按照规定力矩拧紧接头	装配接头时，避免划伤组合垫圈 接头的拧紧力矩为 120 ~ 155 N · m
		在箱体上用专用辅具装配圆柱塞，使带螺纹孔端朝外；按照规定的拧紧力矩拧入螺塞	螺塞的拧紧力矩为 35 ~ 60 N · m
装配超越离合器		在箱体四轴孔内装配挡圈 90	装配挡圈时不得损伤箱体孔内表面
		吊装超越离合器	超越离合器吊装要平稳、安全，严禁磕碰

续表

工艺步骤	操作图示	操作说明	注意事项
装配超越离合器		将超越离合器总成垂直、平稳地放置到箱体四轴孔中	超越离合器放置时不可以歪斜
		用铜棒和专用辅具装配超越离合器总成到位	—
转工位，待装		托盘放行，转入下一个工位，待装	—

（5）双变合箱的操作（表 3—3—24）

表 3—3—24　　双变合箱的操作

工艺步骤	操作图示	操作说明	注意事项
计算 A_2 并选配调整垫片	 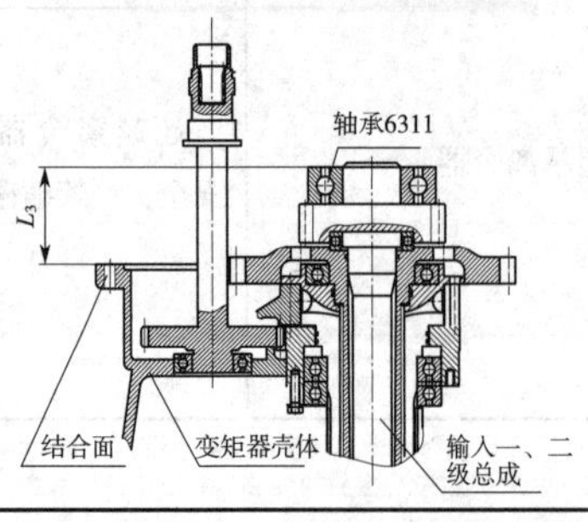	测量变矩器壳体与箱体的结合面到轴承 6311 上端面距离 L_3	—

续表

工艺步骤	操作图示	操作说明	注意事项
	L_4 三轴孔 结合面 箱体	测量箱体与变矩器壳体的结合面到箱体三轴孔底面加工面的距离 L_4	—
计算 A_2 并选配调整垫片	—	计算 A_2：$A_2=L_4-L_3+\sigma-T_2=0.2\sim0.5$ mm σ——双变之间密封垫的厚度，一般为 0.65 mm（已计算压缩量） T_2——调整垫厚度 根据测量数值，选配相应的调整垫片，使尺寸 A_2 控制在 $0.2\sim0.5$ mm 装配调整垫片至箱体三轴孔底部（详见上工序的装配图示）	如果尺寸 A_2 无法调整，则更换输入一级总成
	输入一级齿轮轴	将输入一级齿轮总成和推力球轴承装配至变速箱三轴孔内，并将其装配到位	推力球轴承装配方向正确（成套从变矩器总成上拿下，紧环朝下、松环朝上装配） 输入一级齿轮、推力球轴承必须为配套测量的件

续表

工艺步骤	操作图示	操作说明	注意事项
计算 A_3 并选配调整垫片	 超越离合器 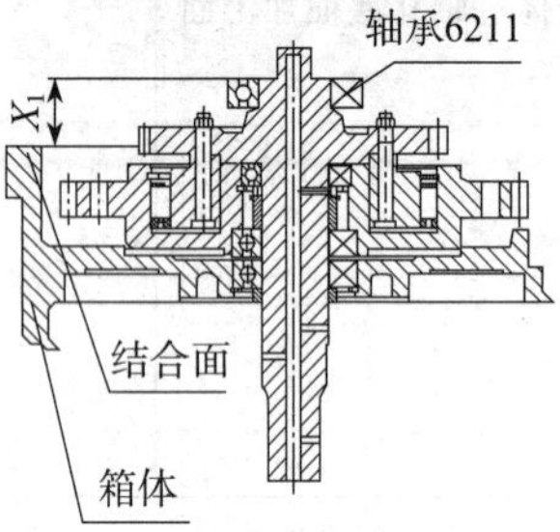 轴承6211 X_1 结合面 箱体	测量箱体与变矩器壳体结合面到超越离合器轴承 6211 上端面距离 X_1	—
	 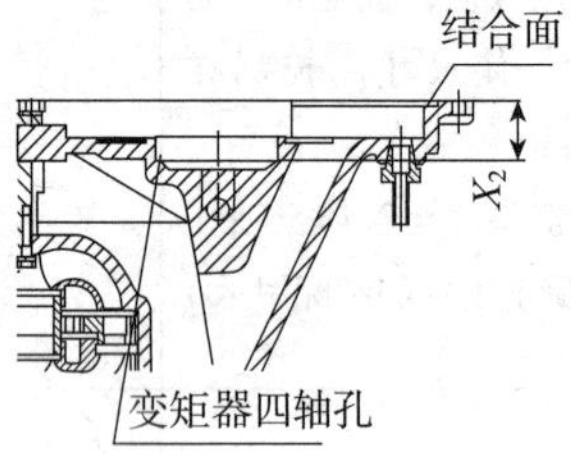 结合面 X_2 变矩器四轴孔	测量变矩器壳体与箱体结合面到变矩器四轴孔底加工面距离 X_2	—
		计算 A_3 根据 $A_3=X_2+\sigma-X_1-T_3=0.2\sim0.5$ mm σ——双变之间密封垫的厚度，一般为 0.65 mm（已计算压缩量） T_2——调整垫厚度 根据测量数值，选择相应的调整垫片，直到 A_3 尺寸控制在 0.2 ~ 0.5 mm，若无法调整，则更换输入超越离合器总成 装配调整垫片至变矩器四轴孔底部	装配调整垫片前，在变矩器调整垫片放置孔涂抹润滑脂（粘住垫片即可）

续表

工艺步骤	操作图示	操作说明	注意事项
合箱		箱体与变矩器壳体配合面上涂抹平面胶	涂胶量以密封垫放置后不窜动为宜，且合箱后胶不挤出结合面
		在箱体双变合面放置密封垫	密封垫孔与箱体孔应对位，不得错位
		平稳吊装变矩器 合箱时，转动变矩器弹性板，使各配对齿轮进入啮合状态后，用铜棒装配到位	起吊变矩器总成时，防止磕碰变矩器，按规范吊装，过程平稳、安全可靠 合箱过程中密封垫不得歪斜
紧固螺栓	定位销	装配 2 个定位销	—
		依次装配螺栓 M10 × 30 mm、螺栓 M10 × 70 mm 至相应位置	螺栓 M10 的拧紧力矩为 45 ~ 59 N · m

续表

工艺步骤	操作图示	操作说明	注意事项
紧固螺栓		翻转 180°	—
转下个工位，待装		托盘放行，转入下一个工位，待装	—

（6）变速泵的装配操作（表 3—3—25）

表 3—3—25 变速泵的装配操作

工艺步骤	操作图示	操作说明	注意事项
装配轴承套	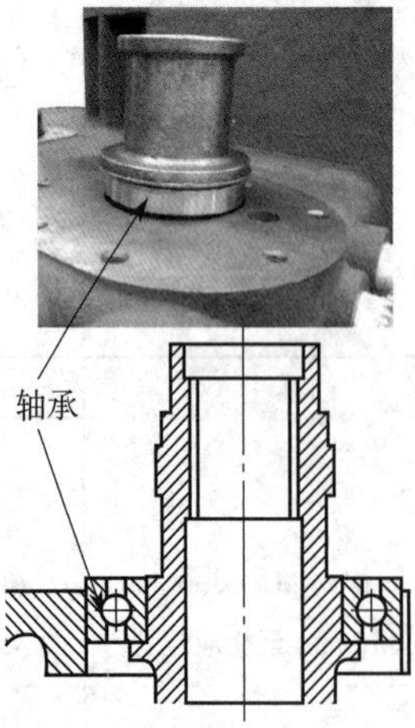 轴承	装配轴承 6012，轴承标记端朝外	装配轴承时，避免磕碰工作泵轴

续表

工艺步骤	操作图示	操作说明	注意事项
装配轴承套	轴承套总成	装配轴承套总成，使铣削槽朝向箱体顶端	轴承套要放置平稳，不得歪斜
		检查箱体变速泵结合面的垂直度。具体方法是：将磁力表座吸附在工作泵齿轮轴轴头端面上，用百分表检测箱体上变速泵装配面的跳动，要求不超过 0.05 mm	—
装配变速泵	密封垫	装配密封垫，使密封垫油道孔与箱体对应油道孔对齐放置	—

续表

工艺步骤	操作图示	操作说明	注意事项
装配变速泵	 变速泵	放置变速泵，并按照规定力矩拧紧螺栓	放置变速泵时，避免密封垫错位 螺栓的拧紧力矩为 45～59 N·m
转工位，待装		托盘放行，转入下一个工位，待装	—

（7）倒挡总成的装配操作（表 3—3—26）

表 3—3—26　倒挡总成的装配操作

工艺步骤	操作图示	操作说明	注意事项
装配倒挡行星架总成	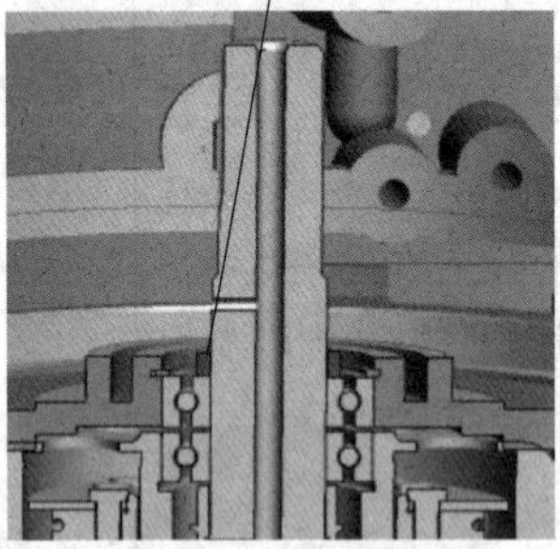 隔套	装配隔套	装配时隔套不得歪斜
		装配倒挡活塞总成	倒挡活塞装配放置方向正确，放置平稳 装配后确保内、外密封环无划伤

续表

工艺步骤	操作图示	操作说明	注意事项
装配倒挡行星架总成		装配倒挡行星架总成。装配后行星架总成应转动平稳，无卡滞	—
测量倒挡活塞行程		装配时倒挡摩擦片按照“先从动，后主动”的顺序交替装配 4 组，最后装配从动摩擦片 装配后，反复转动摩擦片 3 ~ 5 次，使其结合平稳	—
		确认倒挡活塞行程为 1.2 ~ 2.4 mm 测量摩擦片上端面至箱体中盖装配面的尺寸 B_1，在圆周上均匀找 3 点测尺寸，取其平均值。尺寸 B_1 应控制在 134 ~ 135 mm 如果尺寸 B_1 超出合理范围，应更换摩擦片	—

续表

工艺步骤	操作图示	操作说明	注意事项
装配摩擦片隔离架总成		装配摩擦片隔离架总成，使摩擦片隔离架上的8个圆柱销插入从动摩擦片开口槽内	—
	 	装配圆柱销，其小端插入摩擦片隔离架定位槽内，对摩擦片隔离架进行周向定位	圆柱销圆柱端平面不得高于箱体变速阀面
	 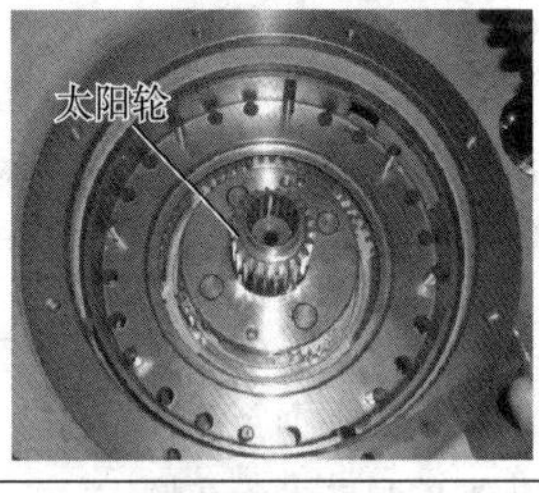 太阳轮	装配太阳轮	内、外花键配合要平稳啮合，严禁强行装配
转工位，待装		托盘放行，转入下一个工位，待装	—

（8）一挡总成的装配操作（表3—3—27）

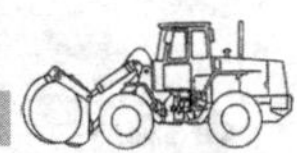

表 3—3—27　　一挡总成的装配操作

工艺步骤	操作图示	操作说明	注意事项
装配一挡行星架总成		将一挡行星架总成装入倒挡轴上	—
装配一挡内齿圈		在一挡内齿圈上装入 1 片主动摩擦片	主动摩擦片不要弄错
		装入一挡内齿圈	—
装配摩擦片及回位弹簧		再装入 7 片摩擦片	主动、从动摩擦片间隔放置

续表

工艺步骤	操作图示	操作说明	注意事项
装配摩擦片及回位弹簧		装入 15 根回位弹簧	安装完毕，回位弹簧应高度一致
转工位，待装		托盘放行，进入下一个工位	—

（9）中盖的装配操作（表 3—3—28）

表 3—3—28　　中盖的装配操作

工艺步骤	操作图示	操作说明	注意事项
装配一挡油缸总成		一挡油缸定位板放在隔离架定位槽内	—
	 一挡油缸	装配一挡油缸总成	装配过程中不要损伤一挡活塞上的密封件

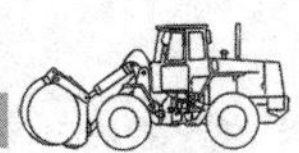

续表

工艺步骤	操作图示	操作说明	注意事项
装配中盖	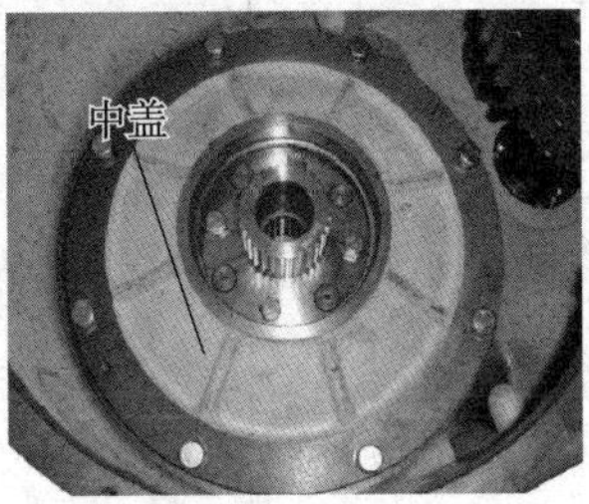	按照顺序依次装配中盖、螺栓、垫圈。装配时，用2个辅助螺栓轮番拧紧，将中盖压到能拧上螺栓M14×40 mm的高度，然后按照规定力矩拧紧螺栓	螺栓的拧紧力矩为93～124 N·m
转工位，待装		托盘放行，转入下一个工位，待装	—

（10）变速阀的装配操作（表3—3—29）

表3—3—29　　变速阀的装配操作

工艺步骤	操作图示	操作说明	注意事项
装配变速阀		装配变速阀、密封垫、垫圈、螺栓	保证变速阀、密封垫各孔与箱体内各孔一一对应，严禁错位装配 变速阀放置稳定，严禁磕碰配合面
	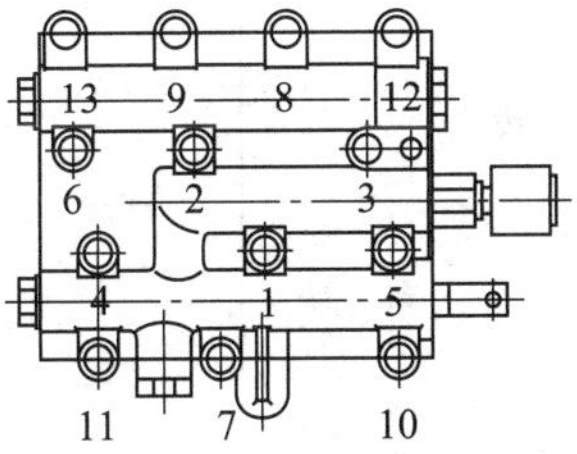	按照左图所示顺序和规定力矩拧紧螺栓	螺栓的拧紧力矩为30～38 N·m

续表

工艺步骤	操作图示	操作说明	注意事项
转工位，待装		托盘放行，转入下一个工位，待装	—

（11）直接挡（二挡）总成的装配操作（表3—3—30）

表3—3—30　　直接挡（二挡）总成的装配操作

工艺步骤	操作图示	操作说明	注意事项
吊装直接挡（二挡）总成		将直接挡（二挡）总成吊装至箱体内	吊装过程平稳、安全，避免磕碰直接挡（二挡）总成
装配直接挡（二挡）总成到位		装配直接挡（二挡）总成时，用手边转动边装配，确保直接挡轴外花键与太阳轮内花键完全啮合	不得强行装配
转工位，待装		托盘放行，转入下一个工位，待装	—

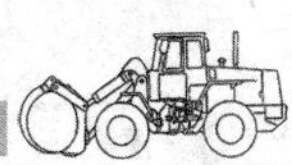

（12）端盖的装配操作（表 3—3—31）

表 3—3—31　　端盖的装配操作

工艺步骤	操作图示	操作说明	注意事项
装配端盖		将端盖总成装在箱体上并装配垫圈，按照“对角加力，渐进拧紧”的原则和规定力矩拧紧螺栓	放置端盖时，保证端盖上的密封垫不错位 螺栓的拧紧力矩为 45～59 N · m
装配油堵		在端盖上装配油堵	油堵要装配到位，拧紧力矩为 35～60 N · m
转工位，待装		托盘放行，转入下一个工位，待装	—

（13）大法兰的装配操作（表 3—3—32）

表 3—3—32　　大法兰的装配操作

工艺步骤	操作图示	操作说明	注意事项
装配防尘环		将防尘环装入法兰连接处	防尘环放置不得歪斜，不得强行装配

续表

工艺步骤	操作图示	操作说明	注意事项
装配大法兰及锁紧螺母	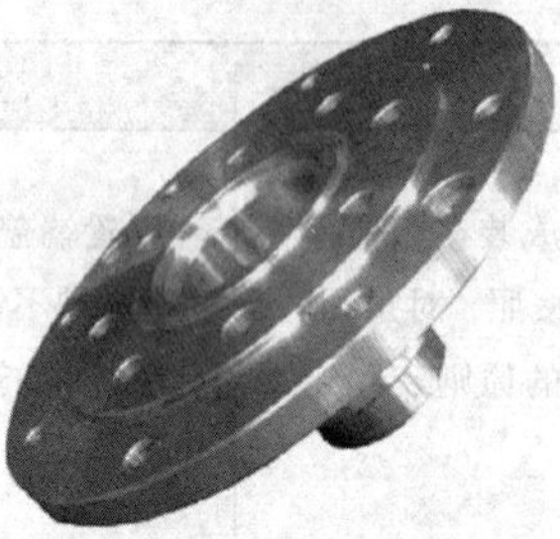  	装配大法兰、垫圈及锁紧螺母 M33 × 1.5 mm	垫圈与锁紧螺母装配到位，锁紧螺母的拧紧力矩为 180 ~ 220 N · m
转工位，待装		托盘放行，进入下一个工位，待装	—

（14）油底壳及手动制动器的装配操作（表 3—3—33）

表 3—3—33　　油底壳及手动制动器的装配操作

工艺步骤	操作图示	操作说明	注意事项
装配油底壳		装配油底壳，按照“交叉对称，轮番拧紧”的原则和规定力矩拧紧螺栓	螺栓的拧紧力矩为 45~59 N · m

续表

工艺步骤	操作图示	操作说明	注意事项
装配手动制动器		装配制动器 装配完毕，制动蹄总成与制动鼓间隙为 1 ~ 2 mm 人工制动解除后，转动法兰，制动鼓与制动蹄完全脱离	—

五、复习思考题

1. 填空题

（1）轮式装载机的变速器由__________及__________组成。

（2）根据变矩器中涡轮数量，变矩器可分为_____、_____、_____。

（3）按操纵方式不同，变速箱可分为__________变速箱和__________变速箱两种。

（4）多片摩擦离合器是按__________、__________相间装配。

（5）当安装中盖时，必须检查一挡油缸端面与中盖凸肩端面之间的间隙，此间隙以__________为最佳。

（6）超越离合器轴端球轴承的端面与支撑壳体轴承孔底端面之间应有__________间隙。

2. 选择题

（1）轮式装载机的变速器由双涡轮液力变矩器及简单的（　　）换挡变速箱组成。

A. 行星式动力　　B. 定轴式　　C. 行星式手动

（2）变速器的功用是改变（　　）之间的传动比，从而改变工程车辆的行驶速度和牵引力。

A. 发动机与车轮　　B. 变速器与车轮　　C. 驱动桥与车轮

（3）由发动机飞轮传来的动力，一路传给变矩器、变速箱工作，另一路由分动齿轮分别传给（　　）及工作油泵工作。

A. 柱塞泵　　B. 变速泵　　C. 叶片泵

（4）变速器的装配是一项极其重要的工作，装配过程是否规范和严格地按照（　　）进行，在很大程度上决定了自动变速器的装配质量、性能和使用寿命。

A. 技术要求　　　　B. 工艺要求　　　　C. 单位要求

（5）零部件在装配（　　）必须将铁屑、毛刺、油污、锈蚀等清理干净，确保各件无铁屑、毛刺、污物、锈蚀等。

A. 之后　　　　B. 过程中　　　　C. 之前

（6）装合时所有运动机件表面，特别是轴颈、密封槽、油封唇口等处应再次（　　）。

A. 清洗　　　　B. 擦干净　　　　C. 涂润滑脂

（7）多片摩擦离合器中主动、从动摩擦片（　　）装配。

A. 依次　　　　B. 相间　　　　C. 随意

（8）装配中盖时，必须检查一挡油缸端面与中盖凸肩端面之间的间隙，此间隙以（　　）mm 为最佳。

A. 0.04 ~ 0.21　　　　B. 0.12 ~ 0.21　　　　C. 0.04 ~ 0.12

（9）双变合箱是指将变矩器总成装配到变速箱总成上。合箱时，各配对齿轮应进入（　　）状态，严禁强行装配。

A. 脱离　　　　B. 啮合　　　　C. 重合

3. 简答题

（1）简述液力变矩器的功能。

（2）简述变矩器特点。

（3）简述螺栓紧固件的装配规范。

（4）简述轴承的装配规范。